U0624952

我的动物朋友

王世云⊙编著

致命的剧毒

杀手

★　★　★　★　★

体验自然，探索世界，关爱生命——我们要与那些野生的动物交流，用我们的语言、行动、爱心去关怀理解并尊重它们。

延边大学出版社

图书在版编目（CIP）数据

致命的剧毒杀手 / 王世云编著 . —延吉：延边大学出版社 , 2013 . 4（2021 . 8 重印）

（我的动物朋友）

ISBN 978-7-5634-5547-8

Ⅰ . ①致…　Ⅱ . ①王…　Ⅲ . ①动物—青年读物 ②动物—少年读物　Ⅳ . ① Q95-49

中国版本图书馆 CIP 数据核字 (2013) 第 087026 号

致命的剧毒杀手

编著：王世云

责任编辑：李宗勋

封面设计：映像视觉

出版发行：延边大学出版社

社址：吉林省延吉市公园路 977 号　邮编：133002

电话：0433-2732435 传真：0433-2732434

网址：http://www.ydcbs.com

印刷：三河市祥达印刷包装有限公司

开本：16K　165×230

印张：12 印张

字数：120 千字

版次：2013 年 4 月第 1 版

印次：2021 年 8 月第 3 次印刷

书号：ISBN 978-7-5634-5547-8

定价：36.00 元

版权所有　侵权必究　印装有误　随时调换

前 言

　　人类生活的蓝色家园是生机盎然、充满活力的。在地球上，除了最高级的灵长类——人类以外，还有许许多多的动物伙伴。它们当中有的庞大、有的弱小，有的凶猛、有的友善，有的奔跑如飞、有的缓慢蠕动，有的展翅翱翔、有的自由游弋……它们的足迹遍布地球上所有的大陆和海洋。和人类一样，它们面对着适者生存的残酷，也享受着七彩生活的美好，它们都在以自己独特的方式演绎着生命的传奇。

　　在动物界，人们经常用"朝生暮死"的蜉蝣来比喻生命的短暂与易逝。因此，野生动物从不"迷惘"，也不会"抱怨"，只会按照自然的安排去走完自己的生命历程，它们的终极目标只有一个——使自己的基因更好地传承下去。在这一目标的推动下，动物们充分利用了自己的"天赋异禀"，并逐步进化成了异彩纷呈的生命特质。由此，我们才能看到那令人叹为观止的各种"武器"、本领、习性、繁殖策略等。

　　例如，为了保住性命，很多种蜥蜴不惜"丢车保帅"，进化出了断尾逃生的绝技；杜鹃既不孵卵也不育雏，而采用"偷梁换柱"之计，将卵产在画眉、莺等的巢中，让这些无辜的鸟儿白费心血养育异类；有一种鱼叫七鳃鳗，长大后便用尖利的牙齿和强有力的吸盘吸附在其他大鱼身上，靠摄取寄主的血液完成从变形到产卵的全过程；非洲和中南美洲的行军蚁能结成多达1000万只的庞大群体，靠集体的力量横扫一切……由此说来，所谓的狼的"阴险"、毒蛇的恐怖、鲨鱼的"凶残"，乃至老鼠令人头疼的高繁殖率、蚊子令人讨厌的吸血性等，都只是自然赋予它们的一种独特适应性而已，都是它们的生存之道。人是智慧而强有力的动物，但也只是自然界的一份子，我们应该用平等的眼光去看待自然界中的一切生灵，而不应时刻把自己当成所谓的万物的主宰。

人和动物天生就是好朋友，人类对其他生命形式的亲近感是一种与生俱来的天性，只不过许多人的这种亲近感被现实生活逐渐磨蚀或掩盖掉了。但也有越来越多的人，在现实生活的压力和纷扰下，渐渐觉得从动物身上更能寻求到心灵的慰藉乃至生命的意义。狗的忠诚、猫的温顺会令他们快乐并身心放松；而野生动物身上所散发出的野性特质及不可思议的本能，则令他们着迷甚至肃然起敬。

衷心希望本书的出版能让越来越多的人更了解动物，更尊重生命，继而去充分体味人与自然和谐相处的奇妙感受。并唤起读者保护动物的意识，积极地与危害野生动物的行为作斗争，保护人类和野生动物赖以生存的地球，为野生动物保留一个自由自在的家园。

编　者

2012.9

致命的剧毒杀手

目录

第一章

身藏剧毒的鱼类

　　广阔无垠的大海是生命的摇篮，据科学家考证，地球上的第一个生命是从大海里诞生的。水孕育了生命，水里的生物品种也是地球上最多的。经过约 3~4 亿年历史长河的演化，鱼已发展成动物世界的一个大家族。在辽阔的海洋和内陆水域中，生活着各种各样的鱼类，然而这些色彩斑斓、种类繁多的鱼本身有着各种各样的本领，毒性就是其中一项。

副刺尾鱼

中文名：副刺尾鱼

英文名：Blue Tang

别称：蓝倒吊

分布区域：太平洋热带海域、印度洋

副刺尾鱼俗称蓝倒吊，鱼体呈椭圆形而侧扁。口小，端位，上下颌齿较大，齿固定不可动。背鳍及臀鳍硬棘尖锐；腹鳍仅3枚软条；尾鳍接近截形。尾棘位于尾柄前部，后端固定在皮下。体蓝色，体上半部从胸鳍中央到尾柄全为黑色，但胸鳍的后方长有一椭圆形蓝斑；眼后另长有一黑带沿背鳍基部纵走而与黑斑相连；背、臀及腹鳍呈蓝色而有黑缘；胸鳍前部蓝色，后部黄色；尾鳍为三角形，色鲜黄，上下叶缘黑色，是具鲜蓝色彩的大型鱼。

副刺尾鱼体长可达25厘米，长着9枚背鳍硬棘，19～20枚背鳍软条，3枚臀鳍硬棘，18～19枚臀鳍软条。

副刺尾鱼在面临大海且有潮流经过的礁区平台栖息，深度达2～40米。成鱼经常会聚集在离海底12米高的水层，稚鱼或幼鱼则聚集在珊瑚的枝芽附近。主要以浮游动物和藻类为食。

副刺尾鱼喜欢在水质清澈、水流较缓的礁岩坡上生活，活动性很强，尤其喜欢在珊瑚丛中穿梭回旋。如果受到大型鱼类的侵袭，珊瑚就成了副刺尾鱼的避难所，使它们免受大鱼的袭击。当然其中也必然会有个别小鱼因无处藏身而被捕获，成为大型鱼的美味佳肴。

　　在潮流湍急的浅海珊瑚礁区，生活着很多副刺尾鱼幼鱼，它们以吃藻类、浮游生物、小鱼虾等为生。水族箱饲养一定要有多个藏身地点及足够的游泳空间。副刺尾鱼比其他鱼类更易养，有时副刺尾鱼还会对同类发起进攻。如果想多条放养，应该同时放入足够大的缸。副刺尾鱼容易患白点等皮肤寄生虫病。幼鱼驯饵容易，成鱼却很困难。对副刺尾鱼幼鱼驯饵可喂食动物性饵料，但要提供足量的海草及海藻等植物性饵料，可以在石头上绑上干海草进行喂食，也可以用人工的植物性饵料。

　　另外，副刺尾鱼还是一种有剧毒的鱼类。

黄貂鱼

中文名：黄貂鱼

英文名：Red stingray

别称：魔鬼鱼、鲼鱼、草帽鱼、蒲扇鱼等

分布区域：湄公河沿岸、东南亚地区

　　黄貂鱼因体扁，体盘近圆形，宽比长大，因此又被称为魔鬼鱼、鲼鱼、草帽鱼、蒲扇鱼。黄貂鱼的吻宽而短，吻端尖突，吻长等于体盘长的1/4。它的眼小，突出，和喷水孔等大。喷水孔在眼后方。口、鼻孔、鳃孔、泄殖孔都在体盘腹面。鼻孔长在口的前方，鼻瓣伸达口裂。黄貂鱼的口小，口裂呈波浪形，口底有5个乳突，中间3个比较显著。黄貂鱼长着细小的齿，呈铺石状排列。在黄貂鱼的体盘背面正中长有一纵行结刺，位于尾部的较大。肩区两侧长有1行或2行结刺。黄貂鱼的尾前部宽扁，后部细长就像鞭子一样，其长是体盘长的2～2.7倍，在其前部长有1根锯齿状的扁平尾刺，尾刺基部有一毒腺。尾的背腹面各有一皮膜，腹面又高又长。体盘背面是赤褐色，边缘较淡。黄貂鱼的眼前外侧、喷水孔内缘及尾两侧都是橘黄色，体盘腹面呈乳白色，边缘呈橘黄色。黄貂鱼的胸鳍就像鸟的翅膀一样，能够波浪般地在海里摆动。

　　黄貂鱼的尾巴上长有毒刺。如果它的生命受到威胁，就会用毒刺向对方发动攻击，人在捞捕或处理鱼货时经常会被刺伤。黄貂鱼只用毒刺进行防御，但是并不利用它捕捉或者袭击猎物。黄貂鱼的性情非常温和，一般不具

有攻击性，不过一旦被其毒刺刺中，就会令人非常痛苦。这种刺会给人的身体造成重伤，大面积刺伤的表面会产生剧烈疼痛，毒液会导致瞬间的巨痛，就像人的身体上被钉子戳了个孔，又好像被猫抓了一样，而且在黄貂鱼的刺上生有很多细菌。正像许多海洋生物学家所说的那样，黄貂鱼是海洋里的"大猫"。

　　1995年的《危险海洋生物——野外急救指南》一书指出，在目前已知的有毒鱼类中，黄貂鱼的个头最大，其尾部长达37厘米。如果人被黄貂鱼刺到胸腔，就会导致重伤甚至死亡，特别是心脏部位受伤的话，需紧急开刀，不过伤及心脏通常都难逃一死。

我 的 动物 朋友
WODEDONGWUPENGYOU

石鱼

中文名：石鱼

英文名：stonefish

别称：毒鲉、玫瑰毒鲉、石头鱼等

分布区域：印度洋至太平洋热带浅水中

　　石鱼又叫做毒鲉、海底"忍者"、玫瑰毒鲉、老虎鱼、石头鱼，属暖水性底层鱼类。为毒鲉科有毒热带鱼类。善于伪装，潜伏在海底或岩礁下，如同一块岩石而得名。背鳍长有尖刺，可释放毒液，是毒性最强的鱼类。背鳍棘被有厚皮，基部有毒囊，被其刺伤后会感到疼痛难忍。体长一般为15~25厘米，体重为300~500克，躲在海底或岩礁下，将自己伪装成一块不起眼的石头，即使人站在它的身旁，它也一动不动，让人难以发现。石头鱼属于鲉科，身体厚圆而且有很多瘤状突起，好像蟾蜍的皮肤。体色随环境不同而复杂多变，像变色龙一样通过伪装来蒙蔽敌人，从而使自己得以生存。通常以土黄色和橘黄色为主。它的眼睛很特别，长在背部而且特别小，眼下方有一深凹。它的捕食方法也很有趣，经常以守株待兔的方式等待食物的到来。

　　石鱼属于危险鱼类。石鱼的毒液会引起激烈的疼痛，并使被毒害的动物休克死亡。石鱼的硬棘（背鳍棘基部的毒腺有神经毒）具有剧毒，可以使人致命。虽貌不惊人，但若是不留意踩到了它，它就会毫不客气地立刻反击，背上的尖刺会刺穿人的皮肤，注入一种致命毒液。它的脊背上那12~14根像针一样锐利的背刺会轻而易举地穿透人的鞋底刺入脚掌，人体在中毒后会立即出现呼吸困难，浑身剧烈疼痛，伴随症状有恶寒、发烧、恶心，进而会引起昏厥、神经错乱、呕吐胆汁，接着会发生心脏衰竭、血压下降，在1个小时内皮肤会变成蓝色，面部会因痛苦抽搐而严重扭曲变形，进而会胡言乱语，最后呼吸麻痹，失去知觉等。免疫力最强的人在24小时之内、普通人在2~3小时之内会死亡。

河豚

中文名：河豚

英文名：Swellfish

别称：气泡鱼、辣头鱼、小玉斑、大玉斑、乌狼等

分布区域：世界各地

河豚约有100多种，我国至少有15种。河豚头圆口小，背部为黑褐色，腹部为白色。体型大的长达1米，重10千克左右。眼睛平时是蓝绿色的，还可以随着光线的变化自动变色。身上的骨头不多，而且背鳍和腹鳍都很软。每到繁殖期，它们就会从大海游向江河湖泊。因此，人们在江河湖海中都能捉到河豚。

河豚漂浮在水面上，有时会膨胀得像只气球，随波逐流。是什么原因导致了它身体膨胀呢？

河豚身体的膨胀与其身体结构密不可分。河豚肠道前端的食道是一个富有弹性的大袋子，可以充气胀大，而它们腹部的皮肤又很松弛，能随食道的扩张而胀大。当河豚遇到敌害时，就会尽快冲向水面，张嘴吸进大量空气，空气便会迅速进入食道。这样，河豚的身体就会膨胀起来，像气球一样。胀大的河豚会漂浮在水面上，从而有效躲避敌害。

河豚属于热带海鱼，但有少数几种在淡水中生活。河豚的身体短而肥厚，体表长有毛发状的小刺。人类曾用坚韧而厚实的河豚皮制作头盔。河豚上下颌的牙齿都是互相连接在一起的，就像一个锋利的刀片，河豚能利用它轻易地咬碎珊瑚的外壳。河豚游动速度极其缓慢，它能利用短小的背鳍和尾鳍左

右摇摆地划水。

　　在河豚的内部器官内，都含有一种神经性毒素，它能置人于死地。其中，毒性最强的部分是卵巢、肝脏；其次是眼、鳃、肾脏、血液和皮肤，它们的肉中并不含毒素。河豚毒性的大小，与其生殖周期也有关系。处于怀卵期的河豚毒性最大，这种毒素能使人呕吐、神经麻痹、四肢发冷，甚至导致心跳和呼吸停止。国内外都有关于食客吃河豚丧命的报道。

　　河豚鱼的毒素，能够麻痹神经末梢和中枢神经，抵制血液中的胆碱酯酶，严重麻痹神经肌肉系统，阻止神经肌肉传导，使中枢神经失调。中毒症状有：中毒轻的舌尖及嘴唇发麻，然后经上肢到足尖以致全身麻痹，并感到身体非常疲倦，眼睑也睁不开，视觉模糊不清，听力逐渐减退，陷入昏迷状态。中毒重者会恶心呕吐，腹痛，头痛，面色苍白，瞳孔对光线没有感觉，患者全身麻木，四肢冰冷，语言不清，血压下降，脉搏微弱，呼吸由困难到逐渐停止，最后死亡，通常在发病后4~5小时，最迟不过8小时内死亡。

　　河豚毒素也有其有益的一面。从河豚肝脏中分离的提取物对多种肿瘤有抑制作用，现已广泛应用于临床。

蓑子鱼

中文名：蓑子鱼
英文名：Barracuda
别称：翱翔蓑鱼
分布区域：印度洋、太平洋

　　蓑子鱼生活在海底的沙地、岩石和珊瑚间，与周围环境的颜色很相似。它动作非常缓慢，通常静等鱼虾接近，便立刻捕食。蓑子鱼的头很大，长有很多刺，鳍也有硬刺。这些鳍条和棘刺看起来就像是京剧演员背后插着的护旗，一副威风凛凛的样子，在阳光下看起来非常亮丽多彩。它们时常拖着宽

大的胸鳍和长长的背鳍在海中悠闲地游弋，完全不惧怕水中的威胁，就像一只自由飞舞在珊瑚丛中的花蝴蝶。

蓑子鱼虽然长得丑，但它的身体颜色很漂亮，它静伏在美丽的珊瑚礁中，与周围的环境完全混成一片。它的背鳍上有毒刺，如果有人不小心踩到它，毒液就会从刺两侧的沟中注入人体，使人感到剧烈的疼痛，严重的可使人致命。

蓑子鱼的背鳍、胸鳍、腹鳍非常发达，近看像美丽的羽毛插在身上，远看像披着一件蓑衣，所以人们叫它蓑子鱼。蓑子鱼身上布满了像斑马一样的美丽条纹，非常美丽。

很多人以为有毒刺的鱼就会用毒刺攻击猎物，但蓑子鱼不仅用毒刺来捕食，而且还用它自卫。因为那些毒刺可以使鲨鱼等天敌很难吃掉它。

赤魟尾刺

中文名：赤魟尾刺

英文名：Red stingray

别称：鲉鱼

分布区域：湄公河沿岸、东南亚地区

世界上有刺的毒鱼类有500多种，我国也有100多种，其中海洋鱼类占65%，如软骨鱼中的虎鲨、角鲨、银鲛和魟，硬骨鱼中的毒鲉等。凡见过赤魟尾刺的人都知道，在它鞭状的长尾基部，斜竖着一根刺棘，长度可达4~30厘米。这是一根毒棘，坚硬如铁，能像箭一样刺穿铠甲，若刺在树根上，能

使树枯萎。若人不慎踩到赤魟时，它会立即举起尾部将毒棘刺入人体。棘的后部连着毒腺，毒腺里的白色毒液就沿着棘的沟注入伤口，使人疼痛难忍，有的晕倒在地，数分钟内不省人事，有的会剧烈地痉挛而死。由于棘的两侧长有锯齿状倒钩，会造成较大的伤口，长达15厘米，14%的受害者必须接受手术治疗，剧痛长达6~48小时，并且出现虚弱无力、恶心和不安等不良症状。在美国，每年会出现约1800个遭赤魟尾刺刺伤的事例，死亡率约为1%。即使受难者能够侥幸生存下来，也像患了一场大病，很久才能下地走路。

赤魟尾刺经常会摆动尾部对人进行攻击，人在捞捕或处理鱼货时经常被刺伤。由于尾刺两侧倒生有锯齿，刺入皮肉再拔出时，尾刺两侧锯齿往往会使周围组织造成较为严重的裂伤，而尾刺毒腺分泌的毒液则会使患者发生剧痛、烧灼感，继而全身会出现阵痛、痉挛等症状。创口很快就会变成灰色、苍白，周围的皮肤会出现红肿，并伴有全身症状，如血压下降、呕吐、腹泻、发烧畏寒、心跳加速、肌肉麻痹，甚至死亡。如果治疗不当，数天后仍可复发，且有后遗症，如会伤及手指，则手指强直，不能屈弯。

鬼鲉

中文名：鬼鲉
英文名：Scorpaenidae
别称：海蝎子、虎鱼
分布区域：朝鲜及日本本州中部以南各近海内，福建，广东北海

在300多种鲉科鱼类中，有80种会对人造成伤害。鬼鲉在珊瑚礁鱼类及鲉科鱼类中，是最漂亮的，体长约20厘米，它在游动时，常展开巨大的扇形胸鳍和镶嵌着美丽花边的背鳍，就像伸展羽毛的火鸡，国外也称它火鸡鱼。鬼鲉的有毒器官是13根较长的背鳍棘和3根臀鳍棘。鬼鲉的毒棘又短又粗，棘上端1/3明显变粗，这就是毒腺所在处。鬼鲉的毒素非常强烈。虽然鬼鲉外形丑陋，面目可憎，但其颜色十分鲜艳，并且能随着环境的改变而改变，这

是它的一种伪装，也是它对环境的一种适应。鬼鲉喜欢在潮间带至90米深的浅水海湾或近岸处生活，不太活泼。当它潜伏在岩石缝隙、珊瑚礁、海藻场中时，看上去就像是一块岩石或一簇杂藻，不大引人注目。只有当人们无意中摸到或踩到它而被刺伤后才会发现。若把鬼鲉从水里取出来，它就会立即高高竖起背鳍棘，然后张开带棘的鳃盖，展开吓人的胸鳍、腹鳍和臀鳍，不过胸鳍棘没毒。鬼鲉的毒性非常剧烈，人一旦被刺伤后，就会引起晕厥、发烧、神经错乱、吐胆汁，特别严重的还能引起心脏衰竭、血压降低、呼吸抑制，甚至在3~24小时内引起死亡。

鲉科鱼类的毒素是一些对热敏感的蛋白质形成的，极容易在高温条件下被破坏。人一旦被刺后，一个简便易行的急救办法就是尽快把伤口处放在45℃以上的热水中浸泡30~90分钟，这样能够暂时缓解疼痛，然后再尽快就医。

纹腹叉鼻鲀

中文名：纹腹叉鼻鲀

英文名：White-spotted puffer

别称：白点河鲀、乌规、花规、绵规

分布区域：印度至太平洋热带海域

纹腹叉鼻鲀体表没有鳞片，被小钝刺、小刺埋于皮下，不太明显。性懒而贪吃，但在肛门前方常有一群较大的钝刺。鼻瓣为两分叉的皮质突起。体背侧有许多白色圆点，腹部具若干条白色纵纹。属暖水性有毒鱼类。体长为

10~21厘米，大的体长达50厘米左右。在我国的海南岛、上海、西沙群岛一带，能够捉到纹腹叉鼻鲀。

纹腹叉鼻鲀是属于广盐性的鱼类，幼鱼喜欢在河口区活动，游动异常缓慢，当它受到惊吓时，就会吸进大量的水和空气，使身体涨大变成圆球状，以吓退掠食者。晚上，纹腹叉鼻鲀就地而眠，很少躲入洞中。属肉食性，以小型底栖动物为食。

纹腹叉鼻鲀可以算是世界上最毒的鱼了。虽然它相貌丑陋，但其色彩艳丽，在它的卵巢、肝、肠、皮肤、骨甚至血液中，都含有神经毒素——鲀毒素。研究人员还发现：鲀毒素的毒力与生殖腺活性密切相关，在繁殖季节前达到最高期。如果在这个季节中不慎吃了这种鱼，2小时内便可死亡。鲀中毒或称河豚中毒是海洋生物中毒中最剧烈的一种。

狮子鱼

中文名：狮子鱼

英文名：Lionfish

别称：蓑鲉

分布区域：印度至西太平洋之间的暖水海域

狮子鱼生活在白海和巴伦支海的海域，体长约50厘米，听名字就给人弱肉强食的凶残印象，其外貌也并非慈眉善目。但是，狮子鱼有一颗百般呵护儿女的慈父之心。

当雌性狮子鱼在退潮海水的边沿产卵后，雄性狮子鱼就能够及时承担作为父亲的责任和义务。狮子鱼能够尽心尽力地守护在鱼卵旁边，除了保护鱼卵不受凶猛动物的伤害外，它还会在退潮时，把嘴里的水喷吐到鱼卵上，以保持孵化所必需的湿润。为此，它们练就了用尾巴拍击海水，将溅起的水花喷洒到鱼卵上的绝招。鱼卵孵化成幼鱼后，雄性狮子鱼的慈父之心并未减退，仍然一如既往地陪伴、守护在幼鱼群的左右。当遇到险情时，长着吸盘的幼鱼就向鱼爸爸游去，不一会儿工夫，鱼爸爸的周身就被吸附在它身体上的幼鱼密密麻麻地簇拥起来。看上去，它们父子间也不知道究竟是谁护卫谁了。慈父就这样满载着吸附周身的幼鱼，游向深海中的安全地带。

狮子鱼总会让人联想到好莱坞电影里那些蛇蝎美人：美，而且毒辣。但无论是美艳的外形还是带毒的刺，这些对于狮子鱼来说，都不过是自然选择中获得的生存方式与手段，而非攻城掠寨的利器。

　　如果狮子鱼没有遇到威胁、遭受攻击，它会很乐意在海里悠闲地过着"贵妇"生活。当我们充分了解到狮子鱼的生存方式后，也许我们能够谅解狮子鱼的剧毒。

　　狮子鱼之所以能够在海中如此悠然自得、目中无人，主要是它们背鳍、胸鳍和臀鳍上长长的鳍条在起作用。这些鳍条的基部都有毒腺，鳍条尖端还有毒针。平时，这些鳍条都处于完全展开状态，形似刺猬，即使那些对狮子鱼下手的掠食者们也会无所适从。

　　当然，狮子鱼防御再严密，也有自己的弱点，它的腹部没长刺棘，而狮子鱼也深知这一点。所以当狮子鱼遇到危险或是在休息时，它就会用腹部的吸盘把自己紧紧贴在岩壁上以寻求保护。

　　狮子鱼的蜇刺过程既简单又有效。当你试图接近狮子鱼时，它就会向后退，这不是表示狮子鱼害怕，而是在为进攻做准备，狮子鱼的进攻一般在眨眼间就会发生，当毒刺蛰进人体组织时，位于毒刺根部的毒囊早已做好了准备，只要随便一挤，狮子鱼就能释放出毒液，毒液通过毒刺造成的伤口能够

注入人体组织的内部。狮子鱼的蜇刺越深，毒液造成的伤害就会越大。

如果你不小心接近并逾越了狮子鱼的"安全尺度"，就会被它刺伤，那就需要马上向专业医疗人员寻求帮助，这是非常重要的，如果没有对伤口进行及时正确的处理，疼痛就会加剧，而且还可能会引起许多长期的问题得不到解决。

蝠鲼

中文名：蝠鲼

英文名：devil ray/manta ray

别称：毯魟

分布区域：暖温带及热带沿大陆及岛屿海区

在热带和亚热带海域航行的船只经常会看到一种巨大的像毯子一样的东西飞在海面上。这种不明飞行物性情多变，还喜欢恶作剧，一不小心船就会被它们缠上。只见它们上一秒还在海面挥舞着巨大的"翅膀"，时而原地旋转，时而转体翻腾，时而又向前滑行，跳起华丽的舞蹈；下一秒却已经跑到小船下面，捣乱起来。它们不是用那个怪异的翅膀拍打船底，发出让人惊恐的"呼呼、啪啪"声，就是故意挂在停航的小船锚链上，把小船拖着到处跑，让人以为碰上海里的魔鬼了，所以船员们就把它们称作"魔鬼鱼"。

魔鬼鱼本名蝠鲼，因它们的游姿与夜里飞行的蝙蝠有些相似而得名，是软骨鱼纲、蝠鲼科几种海产属鱼类的统称。蝠鲼的体型呈不规则的椭圆形，体盘一般50~100厘米左右，最大可达8米以上，重达3吨。2008年8月，我国海南的一位渔民就曾捕获了一条1500千克重的超级"魔鬼鱼"。身体扁平，宽大于长，一头宽大平扁，吻端宽而横平，胸鳍肥厚如翼状，头前有胸鳍分化出的两个突出的头鳍，位于头的两侧，尾细长如鞭，有一个小型的背鳍。有些种类的尾部有一个或多个毒刺，口宽大，牙细而多，像铺石一样排列，上、下颌具牙带，但上颌可能没有牙齿，鼻孔位于口前两侧，出水孔开口于

口隅，喷水孔为三角形，较小，位于眼后，距眼有一相当距离，鳃孔宽大，腰带深弧形，正中延长尖突。蝠鲼背面多为黑色或灰蓝色，腹面灰白且散布着零星的深色斑点，体型就像一张巨大的毯子，再加上其身体后部有一条又圆又细的尾巴，就像是一只"海上风筝"。蝠鲼有洄游的习惯，所以人们不会在一个地方常年见到它。每年的6~7月，蝠鲼会洄游到福建、浙江沿海，8~9月，它们又会游到黄海，10~11月，就会游回浙江沿海，12月到次年2~3月沿原来路线洄游南下，在我国福建、浙江和黄海一带可见到它们的踪影。

雀鳝

中文名：雀鳝

英文名：Gar

别称：鸭嘴鳄

分布区域：北美洲附近

在水生生物中有四种鱼类恶名昭彰，并且被称为四大杀手，它们就是：雀鳝、杀人蟹、食人鲳和大蜗牛，其中雀鳝出现的时期较早，大约在侏罗纪和白垩纪早期就已经开始繁殖，算是"活化石"生物之一了。

雀鳝的名字来源于英国，在英国撒克逊语中是"长矛"的意思，因为它两颚与面部形成一个有尖牙的喙，鱼体覆以菱形光亮而厚的硬鳞，这个形象

和长矛很像。雀鳝是生活在淡水中的鱼，一般在热带河流、美国南部湖泊、中美地区、墨西哥以及西印度群岛等地出现。但在一些情况下，也有可能游入半咸水甚至咸水中。它常像圆木一般，浮于流动缓慢的水面晒太阳并呼吸大气中的空气。雀鳝一般春季时在浅水中产卵，孵化后幼鱼生长很快，开始时以米诺鱼类为食，很快就成为贪婪的掠食者，以致人类不得不采取措施，减少它们的数量。

雀鳝是一种性情很凶猛的食肉鱼，用它长长的嘴巴和尖尖的牙齿来攻击它所遇见的所有鱼类。在捕食时，它会狡诈地一动不动地装死，直到猎物靠近它时才发起致命的一击，然后围着被咬死的鱼转1~2圈之后再将其吃掉。当地渔民都将其视做不祥之物，因为在它生存的地方很少有其他鱼类存在。因为代表着不祥，所以当地渔民一般都不愿意吃这种鱼，同时它也不太适合食用。雀鳝全身长了一层菱形鱼鳞，看上去就像武士穿的盔甲一样异常坚硬，实际上它是由无机盐组成的。在许多已灭绝的远古鱼类中，也长有这种鱼鳞。雀鳝像其他远古鱼类一样，体内也长了一个与食道相连的鱼鳔，可以进行呼吸。但是应引起人们注意的是，雀鳝的卵有巨毒，人类或其他热血动物食用后，就会导致死亡。

狗鱼

中文名：狗鱼
英文名：Pikes
别称：黑龙江狗鱼、河狗、鸭鱼
分布区域：北半球的寒带到温带的淡水水域

狗鱼即黑斑狗鱼，属鲑形目，狗鱼科，狗鱼属。狗鱼的口像鸭嘴，大而扁平，下颌比较突出。狗鱼是淡水鱼中生性最残暴的肉食鱼，它除了袭击别的鱼外，还袭击蛙、鼠或野鸭等。据说1天可以吃和自己体重相当的食物。

因为寿命长，偶尔可发现巨大型的个体。

狗鱼体细长稍扁，口裂很宽大，约占头长的一半；狗鱼的齿很发达；背鳍及臀鳍位靠后并相对；体侧长有斑点。狗鱼为肉食性，贪食而且食量大，对其他经济鱼类有很大的危害。

狗鱼长着与众不同的牙齿，上颚齿能够伸出来并有韧带相连，这种锋利的牙齿可以挂住捕捉到的动物，有时吃不完的食物也可以挂在牙齿上，留着以后食用。狗鱼的鳞细小，侧线不太明显。背鳍位置靠后，接近尾鳍，与臀鳍相对，胸鳍和腹鳍较小。背部和体侧呈灰绿色或绿褐色，散布着许多黑色斑点，腹部呈灰白色，背鳍、臀鳍、尾鳍也有许多小黑斑点，其余为灰白色。

狗鱼是在北半球寒带到温带广为分布的淡水鱼。狗鱼的行动异常迅速、敏捷，每小时能游8公里以上。狗鱼以鱼类为食，食量大，冬季仍继续强烈索食，尤以生殖后食欲更旺。通常在清晨或傍晚猎取食物，其他时间则不再游动，而是静下来休息，并慢慢地消化所吞食的食物。狗鱼在捕食时，十分狡猾。当狗鱼看到小动物游过来时，就会耍花招用肥厚的尾鳍使劲把水搅浑，隐藏自己，然后一动不动地窥视着游过来的小动物，在小动物靠近它时，就会突然被它咬住，然后很快将小动物吃掉一大半，剩余的部分挂在牙齿上，留待下次再吃。

狗鱼一般喜欢在水温较低的江河的缓流和水草丛生的沿岸带栖息。生长迅速，3~4岁达性成熟，春天为产卵期。狗鱼的卵有毒，不宜食用。

六斑刺鲀

中文名：六斑刺鲀

英文名：balloonfish

别称：刺鲀

分布区域：南非、太平洋北美沿岸、印度、朝鲜、日本、澳大利亚、大西洋

在海产鱼类中，六斑刺鲀最小，它属于刺鲀科。广泛分布于世界暖水性海域。在日本轻津海峡以南的日本海，相模湾以南的太平洋沿岸经常可见。六斑刺鲀体表的刺会动。体长达20厘米，为椭圆形，稍为平扁。背部黑褐色，

腹部白色，长有斑点。头部宽大，吻短，口小。上下颌齿各呈齿状，边缘有钝小的突起。唇比较发达，鳃耙短小，有2行。鳞退化成长刺，棘能够前后活动，无侧线。背鳍位于肛门的上方，为圆形小刀状。臀鳍位于背鳍基后半部的下方，形状与背鳍相似。胸鳍宽短，无腹鳍。尾鳍后端钝圆形。背侧淡灰褐色，有6个大的黑斑。腹部白色。体内腹侧长有气囊，如果遇到敌害，气囊就会膨大，各棘竖立，进行自卫。六斑刺鲀以甲壳动物等为食。在它的卵巢、肝、血液中，含有一种神经毒素——鲀毒素。

六斑刺鲀身上布满又长又硬的刺。只有快速扇动它那不太协调的小胸鳍时，才能推动那笨拙的身体，缓慢地游动。

六斑刺鲀是鱼类家族中有名的"刺猬"。它在休息时，身上的硬刺会平贴在身体上。一旦六斑刺鲀遇到敌害，身上的硬刺就会迅速竖起来，使敌人无从下嘴。六斑刺鲀的这种本领和陆地上的刺猬是一样的。不过，它还有一项刺猬所没有的本领，那就是它能把身体像气球一样膨胀起来，利用这种办法让那些体型和自己差不多的敌人根本没有办法把它吞到肚子里去。

一般情况下，六斑刺鲀和普通鱼类差别不大，区别仅仅在于它的眼睛稍微凸一点。如果六斑刺鲀在水中遇到危险，它就会马上吞进大量的水，使身体迅速暴胀起来，其体态比正常的个头大2~3倍。如果六斑刺鲀突然被提出水面，它的身体能够迅速冲气，身体膨胀得就像个圆球。解除了危险之后，六斑刺鲀就会慢慢恢复原来的体型。六斑刺鲀具有的这种靠膨胀身体来保护自己的本领，在鱼类家族中是很少见的。

六斑刺鲀不挑食，但它最喜欢吃的食物还是有硬壳的贻贝和其他贝类，即使很硬的珊瑚和浑身是刺的海胆，它也照吃不误。为了能吃硬食物，六斑刺鲀上下颚的牙齿底部是连在一起的，形成了嘴部前端一整圈坚硬的牙齿块，在齿块后面，还有一片专门来压碎食物的坚硬板，所以再硬的食物，对刺鲀来说都是不成问题的。

篮子鱼

中文名：篮子鱼
英文名：Basket of fish
别称：泥蜢、兔鱼
分布区域：日本到澳洲东部的太平洋以及印度洋、红海

篮子鱼，俗称泥蜢。口吻很像兔子，吃东西时的相貌也很像兔子，所以又称"兔鱼"。在背鳍、臀鳍、尾鳍上长有坚硬且长的刺，而且鳍棘有毒。人一旦被其刺中，一定又痛又麻痹。如果人受不了它的毒，就必须进入医院治疗。

篮子鱼的体型能够随着生长而发生变化。幼鱼有横纹，随着生长会变成云状的斑纹。长成成鱼后斑纹就会消失，全身呈现褐色。篮子鱼属暖水性浅海鱼类，性情温顺，胆小易受惊吓。

篮子鱼体呈长卵圆形，极侧扁。头小，吻略尖突，或突出而呈管状。篮子鱼的口小，不会伸缩；颌齿一列，门状齿，排列非常紧密；锄骨、腭骨及舌上都无齿。体被极小的圆鳞，不易脱落；鳃盖骨及颊部亦被鳞；侧线单一且完全，高位。背鳍单一，硬棘部与软条部间具缺刻或不明显；胸鳍圆形；尾鳍内凹或叉形。蓝子鱼科眼睛的条纹呈深褐色到黑色；一个宽的白色弧从峡部与第二个基底的胸延续到第四个背棘；有白色的条纹，体褐色或灰色，腹面略白。棘矮胖，不是很尖锐但有毒。前鳃盖骨角120个，强的部分重叠的鳞片在眼窝的中心之下深地覆盖颊，8或9列；胸的中线全被鳞片覆盖着。篮子鱼栖息在珊瑚礁丛中，以藻类与小型无脊椎动物为食。

  篮子鱼和刺尾鱼有着较近的关系。但篮子鱼臀鳍上的毒棘比刺尾鱼多，每个腹鳍上有2个棘，背鳍前方有1个面向前的毒棘。因此，很少有鱼类去攻击它。

线纹鳗鲶

中文名：线纹鳗鲶

英文名：Striped eel catfish

别称：黑鲶鱼

分布区域：印度至太平洋

线纹鳗鲶是少数生活在珊瑚礁区的鲶鱼，俗名叫坑鳝、沙毛、海土虱。鼻孔前长有1对须，上颌长有2对须，下颌长有1对须。背鳍、臀鳍及尾鳍相连；背鳍及胸鳍棘呈锯齿状，长有毒腺。体背黑褐色，腹部白色，体侧长有2条白色水平线纹。第二背鳍、臀鳍及尾鳍有黑色边缘。线纹鳗鲶戏称老坑，是有毒刺鱼类，共长有3枝毒刺，上鳍长有1枝，左右鳍各有1枝。人们捕捉到线纹鳗鲶后，只要剪清三刺，就可以拿回家吃。

在潮池、河口域或开放性的沿岸海域，栖息着线纹鳗鲶。它是群集性鱼类，平常大多喜欢成群结队活动，白天则栖息在岩礁或珊瑚礁洞隙中，只有晚上才出来觅食，以小虾或小鱼为食，属夜行性鱼类。当幼鱼出外活动，遇惊扰时会聚集成一浓密的球形群体，称为"鲶球"，以求保护自己。

线纹鳗鲶产于亚洲，身体又长又弯，能够长到40厘米。它拥有鳃上器官以获取氧气，当它们决定到陆地上捕食时，鳃上器官就会取代鳃的功能，来支持它们的呼吸。

虽然没有胸鳍，但是线纹鳗鲶却有着一套独特的方式对陆地上的猎物进行追踪（通常是甲壳虫或者是其他的一些小昆虫）。这种生物的脊柱是可以弯

曲的，尤其是在脖子的位置。由于在水中它们不能正常吃掉猎物，所以它们通常会弯下脖子，让自己的口对准猎物，然后再进食。这些进化的特点使得它们能够从一个池塘到达另一个池塘，并且在途中获取很多食物。

线纹鳗鲇背鳍及胸鳍的硬棘呈锯齿状，并长有毒腺，因此，人们被刺伤后会感到剧烈疼痛。其毒刺分泌的毒液含鳗鲇神经毒和鳗鲇溶血毒，一旦被刺到，会引起长达48小时以上的抽痛、痉挛及麻痹等症状，甚至引起破伤风。由此可见，线纹鳗鲇是一种危险的海洋生物。

暗鳍兔头鲀

中文名：暗鳍兔头鲀

英文名：Dark fin Tutou triggerfish

别称：鲭河鲀、烟仔规、黄鱼规、乌鱼规、青皮鱼规、金纸规、规仔

分布区域：西太平洋

暗鳍兔头鲀属四齿鲀科的一种类型身体呈圆筒形，稍侧扁，体前部粗圆，向后渐细，尾柄长呈圆锥状。眼眶间隔小于吻长。鼻孔小，每侧2个，鼻瓣呈卵圆形突起。体腹侧下缘有一纵行皮褶。体背棘区呈菱形，范围小而未达背鳍基，或棘区延长呈细带而达背鳍基，此细带可能中断。鳃孔内侧灰白色。

背鳍近似镰刀形，位于体后部，具软条13~14枚；臀鳍与其同形，具软条12枚；无腹鳍；胸鳍宽短，上方鳍条较长，呈倒梯形，下方后缘稍凹入；尾鳍宽大，上下叶缘尖突，中央部位弧形，形成双凹形尾鳍。体背部为黑绿色或蓝黑色，体侧暗银白色，腹面乳白色。背、臀鳍鲜黄色或黄绿色；尾鳍黄褐色或黑绿色，上下叶末端各具一白色斑块；胸鳍灰黄色，下缘白色。

　　暗鳍兔头鲀的内脏有弱毒，亦有报告指出卵巢及肝脏有猛毒。它的牙锋利有毒，一旦被它咬到，将会疼痛难忍，并不会导致死亡。

第二章

奇毒无比的两栖爬行动物

　　两栖爬行动物是原始的陆生脊椎动物，既有适应陆地生活的新的性状，又有从鱼类祖先继承下来的适应水生生活的性状。现代的两栖动物种类并不少，但其多样性远不如其他的陆生脊椎动物。爬行动物是第一批真正摆脱对水的依赖而征服陆地的变温脊椎动物，它们可以适应各种不同的陆地生活环境。爬行动物的凶猛是人所共知的，比如蛇类，毒蛇虽然爬行的动作比较迟缓，但是它们一般性情异常凶猛。下面就让我们一起去感受两栖爬行动物千奇百怪的形态和妙趣横生的生活习性，领会两栖爬行动物的凶猛和毒性。

眼镜蛇

中文名：眼镜蛇
英文名：Cobra
别称：山万蛇、大扁颈蛇、扁颈蛇、吹风蛇
分布区域：亚洲和非洲的热带及沙漠地区

  眼镜蛇是中大型的毒蛇，是几种剧毒蛇的统称，多数种类的眼镜蛇颈部肋骨可扩张形成兜帽状，种类很多，在非洲还有喷射毒液和不会喷射毒液的眼镜蛇，但和亚洲的眼镜蛇彼此间并没有亲缘关系。南非的唾蛇和分布于非洲的黑颈眼镜蛇都会喷毒，后者体型较小。毒液能准确喷射入超过2米以外的

受害者眼睛里，若不及时清洗可导致暂时性或永久性失明。埃及眼镜蛇为黑色，颈部膨胀所成兜状较窄，长约2米，分布在非洲大部分地区并向东至阿拉伯半岛一带。埃及眼镜蛇通常捕食蟾蜍和鸟。赤道非洲有树栖眼镜蛇，与曼巴蛇为眼镜蛇科中仅有的树栖成员。

2008年9月，在印度东南部发现一条白化眼镜蛇。据了解，蛇的皮肤里有许多色素细胞，使蛇体呈现出一定的颜色。科学家们认为这些色素是由体内的某些种类的酶控制的。如果环境因素改变，蛇体内那些控制色素的酶种类和数量就会发生变化，蛇就改变了体色，如果色素消失，蛇就会变为白色，蛇的体色一旦发生变化，一般不会马上改变，要保持一段时间甚至到老都不再变。因此，自然界中就有了白蛇。所以，中国古代的神话传说《白蛇传》中的白蛇是确确实实存在的。

眼镜蛇体色一般为黄褐色至深灰黑色，头部呈椭圆形，它最明显的特征就是颈部的皮褶，该部位能够向外膨起用以威吓对方，当眼镜蛇兴奋或发怒时，它的头就会昂起且颈部扩张呈扁平状，就像饭匙一样。又因它们颈部扩张时，背部会呈现一对美丽的黑白斑，看似眼镜状花纹，故名眼镜蛇。

关于它们的名字的由来众说纷纭，但应该是十七八世纪眼镜出现以后才附会而成的，最后渐渐就成了正式的名称。中国历史上对蛇类大多都没有专门名称，在这种蛇被称为眼镜蛇之前，民间对眼镜蛇有很多叫法，如山万蛇、过山风波、大扁颈蛇、大扁头风、扁颈蛇、大膨颈、吹风蛇、过山标、膨颈蛇、过山风、饭铲头等品种。

眼镜蛇主要以小型脊椎动物和其他蛇类为食。它们的毒牙短，位于口腔前部，有一道附于其上的沟能分泌毒液。它们的毒液通常含神经毒，能破坏被掠食者的神经系统。眼镜蛇的噬咬能否致命取决于注入毒液量的多少，毒液中的神经毒素会影响呼吸，尽管抗蛇毒血清对抑制蛇毒很有效，但也必须在被咬伤后尽快注射。在南亚和东南亚，每年都会发生数千起相关被蛇咬伤或死亡案例。因此眼镜蛇一向是恐惧的代名词，人们闻之色变，但在某些地方，它们却有着至高无上的地位。

在印度，眼镜蛇就是神圣的动物。在印度神话中它甚至具备了无上权威的神格。印度主神湿婆颈上总缠着一条守护的眼镜蛇，掌管宇宙的大神毗湿奴就经常躺在"千蛇之王"舍沙之上。在印度的宗教节日里，亦有对蛇的崇拜习俗。另外，印度神话中也有很多以眼镜蛇为主的故事，当中更有眼镜蛇与鼠标蛇相交的记载。在印度，眼镜蛇还被拔掉毒牙，用来表演。

眼镜蛇毒对神经系统的作用非常广泛，它是一种对人或动物以神经毒为主的混合毒，且常出现双向性作用，由于剂量不同、个体差异或神经系统敏感性不同而表现出兴奋或抑制等不同结果。眼镜蛇毒首先会引起呼吸机能的麻痹，这是引起死亡的主要原因。呼吸停止时心跳还能继续维持若干分钟，如给动物做人工呼吸，心跳可持续1~2个小时以上。

眼镜蛇咬伤致死的首发原因是呼吸麻痹，但是轻度中毒患者或呼吸尚未遭受抑制以前，许多患者已呈现出心肌损害和心肌炎的心电图变化，而且眼镜蛇咬伤中毒较严重的患者，甚至在呼吸遭受抑制以前已经出现严重休克，因此对循环系统的毒害也是中毒致死的重要因素。

当然，眼镜蛇毒也不只有致命这一恐怖功能，它们也能起到一定的医学作用。众所周知，蛇毒被称为"液体黄金"，可以利用它们来制作抗蛇毒血清，

挽救中蛇毒的人们的生命。

　　蛇毒还有镇痛作用。而且还不会产生耐受性及习惯性。它对神经炎、恶性肿瘤、心血管疾患、神经痛以及神经性麻风引起的疼痛均有效，对某些神经系统疾病如帕金森氏综合征亦有一定效果。

印度眼镜蛇

中文名: 印度眼镜蛇

英文名: Naja

别称: 印度食卵蛇

分布区域: 印度大陆

印度眼镜蛇是印度弄蛇把戏中的品种。印度人吹着笛子,它们便翩翩起舞。印度眼镜蛇最显著的特征是头部至颈部的皮褶,每当进行猎食或感应到危机时,它都会展开两侧的皮褶以威吓对手。主要分布在印度大陆(除了印度东北大陆),另外在斯里兰卡、尼泊尔、不丹以及孟加拉国等地也能见到它们的踪迹。印度眼镜蛇的皮褶范围宽阔,皮上有明显的曲线眼形纹,形态犹如眼镜。一条成年的印度眼镜蛇的长度为1.35~1.5米，有的个体可长达2米。皮褶上的眼镜纹会根据蛇种躯体颜色的不同，而有着多样的变化。它们栖居在低海拔地区，喜好较为干旱的农垦地、果园、杂草与灌丛混生的山坡地及季风林底层。

印度眼镜蛇十分凶猛，有地盘意识，对物体移动敏感，攻击性强，遭人干扰时易怒，捕食猎物迅速准确，完全符合蛇类的攻击风格"稳、准、狠"。

印度眼镜蛇是卵生动物，每年约4~7月之间产卵。雌蛇每次可产12~30枚蛇卵，产在地下的巢穴中，孵化期为48~69天。刚出生的印度眼镜蛇身长约20~30厘米，而且出生不久就已经具备完善的毒腺。

孟加拉眼镜蛇

中文名：孟加拉眼镜蛇

英文名：Naja kaouthia

别称：泰万、单眼镜蛇、泰国眼镜蛇

分布区域：印度、阿萨姆、尼泊尔、孟加拉、缅甸、泰国、马来亚、越南、老挝、中国

孟加拉眼镜蛇是一种在颈部皮褶上有一个圆形斑纹的眼镜蛇，并且是一种毒性很强的蛇。在我国主要分布于广西西南部、云南南部及西部、四川西南部攀枝花市、米易等地。在国外主要分布于孟加拉、印度东北部、尼泊尔、缅甸、越南与柬埔寨。

孟加拉眼镜蛇一般长100~150厘米，有时达到230厘米。它在外形上与舟山眼镜蛇很相似，颈部膨扁时，项背的"眼镜"状斑仅有单个圆圈，或在

此基础上的饰变；而舟山眼镜蛇则为双圈及其饰变。此外，本种个体体色多为棕褐色，腹面色稍浅呈黄白色，背面无横纹。

被孟加拉眼镜蛇咬后即感疼痛，逐渐加重，并向心口处蔓延。但是伤口流血不多，很快闭合变黑，伤口周围皮肤迅速变红，可扩散到整个肢体，甚至躯干。局部常有水泡、血泡及相应淋巴管炎、淋巴结炎。被毒素浸润的局部组织，会缺血缺氧，变性坏死，形成溃疡，经久难愈。严重者伤后2~6小时，全身不适、困倦、畏寒，发热39~40℃。胸闷、心悸，恶心，呕吐，肌肉无力，步态蹒跚，懒言等症状。随着病情的加重，出现眼睑下垂，说话不清，吞咽困难，呼吸变浅。血压先升后降，最后发生休克。可因呼吸麻痹、急性肾功能衰竭及循环衰竭死亡。

在蛇咬伤后0.5~1小时内，有条件者，及早作局部环封，用相应的血清2毫升，或10~15%依地酸二钠4毫升，分别与普鲁卡因溶液5~20毫升、地塞米松5毫克配合使用，于牙痕中心及周围注射达肌肉层，或在结扎的上方作环行封闭，这对减轻症状十分有益。肿胀的肢体，可外敷清热解毒、活血化瘀、消肿止痛的中药，如用双柏散（侧柏叶、大黄、黄柏、薄荷、泽之）加水蜜热敷，效果很好。局部出现坏死、溃疡者，则按中、西医（或中西医结合）外科处理。

金环蛇

中文名：金环蛇

英文名：Banded krait

别称：黄节蛇、金甲带，佛蛇，黄金甲

分布区域：越南、泰国、印度、印度尼西亚、马来西亚、老挝、缅甸、中国

金环蛇俗称金甲带、金包铁、金脚带或佛蛇等，是环蛇属的一种，是毒性很强的蛇。一般来说，金环蛇和其他环蛇属的蛇一样，动作缓慢，很少攻击人类，主要以小型脊椎动物为食。金环蛇的毒性较其近亲银环蛇弱，但仍然属剧毒蛇，而数量也较银环蛇多。主要生活在印度东北部和东南亚地区，

分布于中国的江西、福建、广东、广西、海南和云南等地。

金环蛇全长1.2~1.8米，是具有前沟牙的毒蛇。通身黑色，有较宽的金黄色环纹，体尾共有19~27环，黑黄两色宽度大体相等。头背黑褐色，枕部有浅色倒"V"形斑。背脊隆起呈脊，所以躯干横切面略呈三角形，尾末端圆钝。头椭圆形，与颈区分不明显，头背具有典型的9枚大鳞片，背鳞平滑，全身15行，背正中1行脊鳞扩大呈六角形。

金环蛇栖息于海拔180~1014米的平原或低山，植被覆盖较好的近水处。怕见光线，白天往往盘着身体不动，把头藏于腹下，但是到晚上十分活跃，捕食蜥蜴、鱼类、蛙类、鼠类等生物，并能吞食其他蛇类及蛇蛋。性情温顺，行动迟缓，其毒性十分猛烈，但是不主动咬人。金环蛇夜晚活动。金环蛇属卵生，每年的5~6月产卵，每次大概产6~14枚。通常产在腐叶下或洞穴中。

银环蛇

中文名：银环蛇

英文名：Bungarus multicinctus

别称：寸白蛇、过基甲、簸箕甲、手巾蛇、银脚带、雨伞节、台湾克雷特

分布区域：中国、缅甸、老挝

　　银环蛇虽为毒蛇，但性情温和，除非遭受威胁，否则不会主动攻击。银环蛇生活在平原、山地或近水沟的丘陵地带，常出现于住宅附近。昼伏夜出，喜横在湿润的路上或水边石缝间捕食黄鳝、泥鳅、蛙类或其他蛇。

银环蛇头呈椭圆形，与颈区分不明显，背具典型的9枚大鳞片，无颊鳞，背正中1行脊鳞扩大呈六角形。全身体背有白环和黑环相间排列，白环较窄，尾细长，体长1~1.8米，具前沟牙。背面黑色或蓝黑色，具30~50个白色或乳黄色窄横纹；腹面污白色。头背黑褐，幼体枕背具浅色倒"V"形斑。背脊不隆起，尾末端较尖。

银环蛇的体内具有两种神经毒素，患者被咬时不会感到疼痛，反而昏昏欲睡。轻微中毒时身体局部产生麻痹现象，若是毒素作用于神经肌肉交接位置，则会阻绝神经传导路线，致使横纹肌无法正常收缩，导致呼吸麻痹，作用时间约40分钟至2小时，或长达24小时。可以用神经性抗毒蛇血清治疗。

银环蛇入药有祛风湿、定惊搐的功效，治风湿瘫痪、小儿惊风抽搐、破伤风、疥癣和梅毒等症。

响尾蛇

中文名：响尾蛇

英文名：Rattlesnake

分布区域：南、北美洲

　　平常吹的哨子是一个铜壳子，里面装上一层隔膜，形成两个空泡，当空泡受到吹动时，就会发出响声。与哨子相同的是，响尾蛇的尾巴也有类似的构造，只不过它的外壳是坚硬的皮肤形成的质轮，而不是金属。在响尾蛇的尾部末端有一串角质环，是多次蜕皮后的残存物，它们围成一个空腔，角质膜又把空腔隔成两个环状空泡，仿佛是两个空气振荡器。当遇到敌人或兴奋

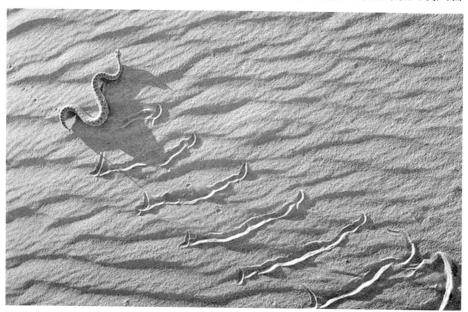

时，响尾蛇会不断摇动尾巴，每秒钟可摆动40~60次，这时，空泡内形成了一股气流，一进一出地来回振荡，空泡就发出了"嘎啦嘎啦"的声音，所以被称为响尾蛇。响尾蛇就是利用这种声音来震慑敌人，使它们不敢靠近，或被吓跑，它们还利用这个本事来诱捕食物。

响尾蛇是管牙类毒蛇，其蛇毒是血循毒。响尾蛇一般体长约1.5~2米。体呈黄绿色，背部长有菱形黑褐斑，与蝮蛇类的蛇相同，它们的"热眼"也长在眼睛和鼻孔之间的颊窝处。颊窝一般深5毫米，只有一粒米那么长。这个颊窝是个喇叭形，喇叭口斜向朝前，中间被一片薄膜分成内外两个部分。里面的部分有一个细管与外界相通，所以里面的温度和蛇所在的周围环境的温度是一样的。而外面的那部分却是一个热收集器，在其喇叭口所对的方向如果有热的物体出现，红外线就会经过此处照射到薄膜的外侧。很明显，这要比薄膜内侧一面的温度高，薄膜上的神经末梢就会感觉到温差，产生的生物电流就会传给蛇的大脑。蛇知道了热的物体存在的位置之后，其大脑就会发出相应的"命令"，从而捕获这个物体。

响尾蛇有2属，侏响尾蛇属个头较小，在它的头顶上有9块大鳞片，响尾蛇属的个头大小不一，因种而异，但其头顶上的鳞片都非常小。在北美洲，人们最常见到的是生活在美国东部和中部地区的木纹响尾蛇、美国西部几个州的草原响尾蛇以及东部菱斑响尾蛇和西部菱斑响尾蛇，后两种为响尾蛇中体型最大者。响尾蛇体长差距较大，如墨西哥几种较小的种约只有30厘米，而东部菱斑响尾蛇体长则可达2.5米。有少数种还长有横条斑纹，体色多为灰色或淡褐色，并带有深色钻石形、六角形斑纹或斑点，有些种类则为橘黄色、粉红色、红色或绿色，这些体色深浅不同，鉴定时有困难。墨西哥西海岸响尾蛇和南美响尾蛇的毒性最强，这两种蛇的毒液对神经系统的毒害比其他种类更严重。在美国的毒蛇中，菱斑响尾蛇的毒性最强。

响尾蛇是肉食性动物，多数捕食小型动物，主要是啮齿类动物，幼蛇主要以蜥蜴为食。响尾蛇所有种类皆为卵胎生，通常一窝生十几条。与其他东部菱斑响尾蛇类一样，响尾蛇既不耐热又不耐寒，所以热带地区的种类已变为昼伏夜出，天气热的时候躲在各种隐蔽处如地洞，冬天群集在石头裂缝中

休眠。响尾蛇的毒液与其他毒蛇的毒液不同，响尾蛇的毒液进入人体后，会产生一种酶，使人的肌肉迅速腐烂，破坏人的神经纤维，进入脑神经后致使脑死亡。切开被响尾蛇咬后肿胀的胳膊会发现整个胳膊的肉都烂掉了，里面都是黑黑的黏糊糊的东西，就如同熟透而烂了的桃子。

响尾蛇头部的特殊器官，能够利用红外线感应附近发热的物体，已为人们所熟知，但很少有人知道，这些红外线感应器官还具有反射作用，可以让死后的响尾蛇也能置人于死地，在响尾蛇死后的1个小时内，它们仍可以弹起来施袭。美国有关研究人员发现，响尾蛇在咬噬时有一种反射能力，而且这种反射能力不受脑部的影响。

即使响尾蛇的其他身体机能已经停顿，甚至头部被切除，但只要头部的感应器官组织还未腐坏，在响尾蛇死后1个小时内，仍可探测到附近15厘米范围内发出热能的生物，并自动作出袭击的反应。所以，人类千万不要对死了的响尾蛇麻痹大意。

竹叶青

中文名：竹叶青

英文名：Medoggreenpit-viper

别称：青竹蛇、焦尾巴

分布区域：中国长江以南的地区

　　竹叶青是我国南方很常见的一种毒蛇，它们的活动范围很广，甚至越过秦岭淮河一线。在国外，竹叶青在东南亚地区也时有发现。平日里，竹叶青常在树上活动，修长而柔软的身体缠绕在树枝上，凭借与植物类似的体态颜色伪装自己，躲过天敌的视线，也能干扰猎物的判断，自己则在方便的时候出击。

　　竹叶青的头呈三角形，瞳孔垂直呈红色，颈很细，体色鲜绿，尾端呈焦红色，上颌长有管牙，有剧毒。竹叶青多栖息在山林、菜地中，尤其喜欢缠绕在树枝或竹枝上，常在早晨和晚间活动，是造成毒蛇咬伤的主要蛇种。平均每次排出毒液量约30毫克。人一旦被竹叶青咬伤，伤口局部就会出现剧烈灼痛，迅速肿胀，出现血性水泡。一般很少出现全身症状。人被竹叶青蛇咬后虽不致有生命危险，但竹叶青咬伤的病例确实很多，因此对人们的危害甚大。

　　竹叶青以鸟类、蛙类、蝌蚪和蜥蜴为食，论速度，它比不上飞鸟，因此惯于用守株待兔的方式猎取食物。当一些大意的猎物经过它的身边，便会闪电出击，"嗖"地窜过去，将猎物一口咬住，同时将毒液注入猎物的体内，准

确无误。它们不会咀嚼，只会将猎物整个吞入腹内。吞进食物之后，竹叶青便会找一个地方慢慢地消化，要完全消化掉胃里的东西，大约需要5~6天的时间。它们对营养的吸收非常彻底，之后，会将无法消化的部分吐出来。

竹叶青刚刚出生的时候便具有了毒液，虽然毒性不剧烈，但它们具有很强的攻击性。往往在人发现它们之前，便被咬伤了。一般说来，竹叶青的咬伤并不是致命的，但如果伤口处理不好，也会产生较大的危险。

在武夷山，竹叶青是常见的毒蛇。它的体色呈绿色，如果不仔细辨认，就会与无毒的翠青蛇混淆。但是竹叶青的尾巴焦黄，这正是它与翠青蛇的不同之处。因为竹叶青的尾巴似火燎焦，所以当地人把它叫做"焦尾仔"或"火烧尾"。重庆周边地区亦有竹叶青的分布，不过数量极少。同时，也有无毒的"青竹标"共同分布，如不仔细辨认较难分辨。

海蛇

中文名：海蛇

英文名：sea snake

别称：青环海蛇、斑海蛇

分布区域：大洋洲北部至南亚各半岛之间的水域

海蛇，顾名思义就是生活在海洋中的蛇。它们与陆地上的眼镜蛇曾是一家人，共有同一个祖先。远古时期，有过身长超过10米的海蛇，成为海洋中叱咤风云的角色，但最后都灭绝了，现在巨型海蛇只有在一些地方的传闻中才会出现。海蛇喜欢在泥沙里或珊瑚礁旁活动。呼吸时，它们浮上水面，用鼻孔透气，鼻孔上有可以开合的瓣膜，到了水下瓣膜封闭避免水从鼻子灌入肺里。它们的肺几乎与身体等长，从头部延伸到尾，此外，它们也可以用皮肤呼吸，每到水面上吸入一次空气，便可以在水下支撑3小时之久。

海蛇分为两栖和水栖两大类，两栖海蛇保留了卵生的繁殖方式，雌蛇在产期会爬上岸在沙滩上产卵，然后离开，任其自生自灭。水栖的海蛇则是卵胎生，小蛇会在母亲的腹内发育成形然后再来到这个世界，刚刚出生的它们体长有20~30厘米。繁殖季节一到，无数海蛇似乎是应了某种神秘的召唤聚集在一起，形成数十千米的蛇阵，密密麻麻互相纠缠扰动，水面也似乎沸腾起来，景象让人目瞪口呆。

比起那些陆地上的同类，海蛇的毒液要厉害许多倍。橄榄绿剑尾海蛇常常在热带海洋的暗礁周围徘徊，寻找食物，它的毒性使它跻身世界最毒动物

的榜单，而世界上最毒的蛇类——生活在澳大利亚的贝尔彻海蛇，其毒液比眼镜蛇的高达10倍以上。人被海蛇咬上一口，不会感觉到强烈的剧痛，然而很快，会发觉吞咽困难、浑身瘫痪，最终死亡，迄今为止，尚未研制出有效的海蛇血清。

然而，海蛇并没有倚仗自己的毒液而横行霸道，它们的性情也比陆地蛇要温和许多，目前所发生的海蛇伤人事件，绝大部分原因是潜水员或渔夫忽略了隐藏在暗处的海蛇，无意中踏到它们身上而引起它们的自卫反击，因此，在海蛇出没的海域潜水一定要十分谨慎，遇到海蛇时，只要保持不动就可以躲过它们的毒牙了。有经验的潜水员甚至可以与海蛇一同玩耍而避免伤害。

无论是两栖还是水栖的海蛇，离开水后都失去了攻击能力。许多人趁海蛇上岸产卵时对它们进行大肆捕捉。在菲律宾的加托岛，每年被捕的海蛇超过18万条。长此以往，海蛇也会变成海洋中的珍稀动物了。

加蓬咝蝰蛇蛇

中文名：加蓬咝蝰蛇蛇
英文名：Gaboon viper
别称：加彭蝰蛇
分布区域：近赤道的非洲

加蓬咝蝰蛇产于中非的热带森林，属蝰蛇科，是一种极毒的蛇，但一般较驯良。加蓬咝蝰蛇是非洲最重的毒蛇，体长可达2米，重8千克。它的身体粗壮，头很宽大，口鼻上长有角状凸起。身上花纹醒目，有浅黄色、紫色和褐色的长方形和三角形花纹。

据记录，最长的加蓬咝蝰蛇为2.2米，是非洲三大毒蛇中最大的蝰蛇，其他两种分别是鼓腹毒蛇和犀咝蝰蛇。加蓬咝蝰蛇是世界十大毒蛇之一，若是被它咬上一口，这个伤口里含有的毒液量也是最多的（事实上，它的毒性和世界上最大的毒蛇——亚洲南部的眼镜王蛇一样大）。加蓬咝蝰蛇体内一般含有350~600毫克的毒液，60毫克毒液就可以把人毒死，因此从理论上说，一条加蓬咝蝰蛇的毒液可以毒死6~10人。

加蓬咝蝰蛇的毒牙的长度达5厘米，比眼镜蛇的还要长3.5厘米，这也就是说，加蓬咝蝰蛇咬伤的伤口要比其他任何一种毒蛇的都要深。至于为什么它需要这么长的毒牙，我们不得而知——虽然它能吞食比它大得多的动物，但是它主要还是以蜥蜴和青蛙为食。加蓬咝蝰蛇不会将毒液注入猎物就放口，而是紧紧地将其咬住，不松口。直到猎物彻底中毒并且失去行动能力为止。

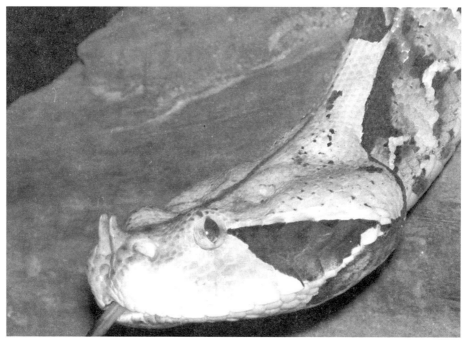

这种举止与其他的毒蛇截然不同。看来它的毒牙不是用于防御的，因为它不是生性特别凶猛的蛇类，在防御中很少咬其他动物。也许答案很简单：它只是一种大蛇，因此按比例而言就有较长的毒牙了。那么眼镜王蛇的毒牙为什么如此短呢？科学研究发现，当闭拢嘴时加蓬啦蝰蛇的毒牙会朝后，而眼镜王蛇的毒牙是固定的。如果眼镜王蛇的牙齿再长一点的话，那就会刺破它的下颌了。

如果加蓬啦蝰蛇感觉到周围存在危险，就会采取各种方式吓退敌人。刚开始，它们会发出响亮的嘶嘶声，对敌人发出警告，直到吓退敌人。如果它们保持不动并发出声音，这是因为它们在尝试如何逃跑，加蓬啦蝰蛇的弹跳力极强，这是人们无法想象的。表面看来，加蓬啦蝰蛇动作异常缓慢，但它们的速度却能够与眼镜蛇和响尾蛇相比！如果此时敌人还不后退，加蓬啦蝰蛇就会闪电般地把毒液注入敌人的体内。

莽山烙铁头

中文名：莽山烙铁头
英文名：ERMIA mangshanensis
别称：莽山白尾蛇、小青龙
分布区域：中国的湖南省

　　莽山烙铁头是我国特有的物种。全长可达2米，是具管牙的毒蛇。通身黑褐色，其间杂以极小黄绿色或铁锈色点，构成细的网纹印象；背鳞的一部分为黄绿色，成团聚集，形成地衣状斑，与黑褐色等距相间，纵贯体尾；左右地衣状斑在背中线相接，形成完整横纹或前后略交错。腹面除前述黑褐色具网纹外，还杂有若干较大、略呈三角形的黄绿色斑。头背黑褐色，有典型的黄绿色斑纹。尾后半为一致的浅黄绿色或几近于白色。头大，三角形，与颈区分明显。有颊窝。头背都是小鳞片，较大的鼻间鳞1对彼此相切。中段背鳞有25行，除两侧最外一行外，其他的均具棱；腹鳞有187~198片；肛鳞比较完整；尾下鳞有60~67对，尾侧扁末端平切。

　　每年的6月下旬至7月是莽山烙铁头产卵的季节。莽山烙铁头一般产卵20~27个，卵为白色，呈椭圆形，卵径达34~38毫米×50~66毫米，重31~40克。产卵后，亲蛇具有护卵与孵卵的习性。在25~30℃的温度下，莽山烙铁头能够在60天左右孵出仔蛇，初孵仔蛇体长330~460毫米，重15~35克。

　　莽山烙铁头栖息地在中国南岭中段的莽山，这里山高谷深，森林苍郁，由于人迹罕至，这里保持了最原始的生命轮回。在莽山森林的深处，厚厚的

枯叶铺在丛林的地上，倒塌枯朽的树干保持着生命终结的姿态，上面生长着各种各样的苔藓。阳光被茂密的树冠遮挡，只能一丝一缕地闪烁着，雾气被山川壑谷涡集，山林一年四季都被云雾笼罩着。莽山的气候温暖而潮湿，非常适合莽山烙铁头生存。

喜玛拉雅白头蛇

中文名：喜玛拉雅白头蛇

英文名：Himalayan White Snake

别称：白头蝰

分布区域：缅甸和中国南方等地

喜玛拉雅白头蛇，属蝰科，白头蝰亚科。在我国27种毒蛇中，它是最毒的一种蛇。它最早发现于缅甸克钦山。

喜马拉雅白头蛇一般长50厘米左右，最长达77厘米。它的躯干呈圆柱形，头部白色，有浅褐色斑纹，躯尾背面呈紫蓝色，布有朱红色横斑，头背长有9枚大鳞。背鳞比较平滑。

喜马拉雅白头蛇体上长有朱红色横斑，左右两侧的横斑数量相等，横斑成对交错排列，有的在背中线上相遇联合成完整横纹，横跨背面。

喜马拉雅白头蛇栖息在海拔100~1600米的丘陵山区，人们在路边、碎石地、稻田、草堆、耕作地旁草丛中，经常见到。有时，在住宅附近或室内，人们也可以看见它。喜马拉雅白头蛇喜欢在晨昏活动，以捕食小型啮齿动物和食虫目动物为生。

人如果被喜马拉雅白头蛇咬伤，就会出现局部剧痛、肿胀、少量出血，还经常会出现头昏、眼花、视力模糊、眼睑下垂、吞咽困难等不良症状。

在世界爬虫界中，喜马拉雅白头蛇是公认的最令人头疼的毒蛇，它以绝食闻名，欧美曾多次进口，但是结果却未存活一只。关于它的死因，现在爬

虫学界也是众说纷纭，但一般认为它的低海拔高温反应导致内脏器官损伤而绝食。还有一种说法认为，由于喜马拉雅白头蛇的食物的特殊性（在自然界主要食鼩鼱），因而无法适应啮齿类动物。然而，在俄罗斯已经有研究者成功饲养并繁殖了喜马拉雅白头蛇，相信这一死结在私人饲养者手里也已经被解开。

眼镜王蛇

中文名：眼镜王蛇
英文名：King cobra
别称：扁颈蛇、大膨颈、吹风蛇、过山标
分布区域：东亚南部、东南亚、南亚

中国有句老话叫"是龙就上天，是蛇就下地"，我们今天的主角就是这地上的大王。毋庸置疑，眼镜王蛇是蛇中的老大，它也是丛林中的老大，在丛林中，任何一种动物都得给它让道，要是哪种动物不识好歹，被它咬了一口，那就时日不多了。

眼镜王蛇身长约4米，体型较大者可达5.5米。眼镜王蛇有沟牙，头部呈椭圆形，颈部能膨大。它与眼镜蛇的明显区别是头部顶鳞后面有1对大枕鳞。其体色乌黑或黑褐，具有40~54条较窄而色淡的横带。它们一般生活在平原至高山树木中，常在山区溪流附近出现，林区村落附近也时有发现。它们白天黑夜都会出动，一般隐匿在岩缝或树洞里，有时也能爬上树，往往是后半身缠绕在树枝上，前半身悬空下垂或昂起。

眼镜王蛇性情凶猛，反应也极其敏捷，头颈转动灵活，排毒量大，是我国最凶猛的一种毒蛇。发怒时身体前段竖直，颈部膨扁。头部呈平直状，如戴头罩，所以又叫毒帽蛇。眼镜王蛇会主动攻击人，咬住人后紧紧不放。毒液不仅毒性强烈，而且排毒量大，一次可排出毒液400毫克，相当于对人致死剂量的几倍。人中毒后局部疼痛，四肢放射状烧灼似剧痛，全身水泡，通常

是在被咬后第五天皮肤及皮下组织坏死，10天后局部坏死。

眼镜王蛇名闻遐迩的另一个原因，是它除了捕食老鼠、蜥蜴、小型鸟类，同时还捕食蛇类，包括金环蛇、银环蛇、眼镜蛇等有毒蛇种。

但是，眼镜王蛇同类之间就友好文明得多了。两条雄性眼镜王蛇碰到一起，它们会争夺领地。两条蛇会昂起头互相对峙，然后，它们开始寻找机会把对方的头压到地面。最后，两条蛇纠缠在一起，互相攻击，直到一方的头碰到地面。这时失败者就会从这片领地上离去，另外寻找一块领地。最让人大跌眼镜的是，眼镜王蛇的求爱方式非常笨拙，就是不停地用头拱母蛇。

素有"东方花园"美誉的马来西亚第三大城市槟城，有一个很著名的旅游景点——蛇庙，正名叫福兴宫。蛇庙香火长盛不衰，游客络绎不绝，成为马来西亚十大名胜之一。在这里，人们可以欣赏到各种各样的蛇和它们精彩的表演。那里的管理员和眼镜王蛇玩"接吻"的游戏，绝对能让观众毛骨悚然。

眼镜王蛇特别具有老大的气势，尤其是它昂起头时，更加威风凛凛。不过，据说眼镜王蛇很胆小，富有捕蛇经验的捕蛇者用一根棍子和一个黑色的口袋就可以轻松地捉到它们。

在野外被发现的眼镜王蛇常会遭到捕杀。作为世界上最大的毒蛇，它们非常需要人类的尊重及保护。希望在久远的未来，还能看见它们的身影，还能目睹它们王者的风范！

科摩多巨蜥

中文名：科摩多巨蜥

英文名：Komodo dragon

别称：科摩多龙

分布区域：印度尼西亚

6500万年前，人们猜想有一个巨大的陨石与地球相撞，于是，当时在地球上占统治地位的恐龙便从地球上消失了，只有少数几种动物生存了下来。其中一种至今仍生存在印度尼西亚群岛，外形与传说中的恐龙极其相似，这就是生化巨龙——科摩多巨蜥，它体长可达3米，重约135千克，今天，只有在印度尼西亚群岛中的3个极小的岛屿上才能找到这种爬行动物。

以前，科摩多岛是一个常年荒无人烟的小岛。后来，松巴哇苏丹把一些穷凶极恶的罪犯流放到这个岛屿上服刑。然而，这些罪犯却在这个荒凉的小岛上发现了一件令他们极度害怕的事：岛上有巨型蜥蜴。或许他们将会在服刑期间被这些大家伙给吞吃掉，但一直没人相信他们的话。1911年，美国一位飞行员驾驶一架小型飞机从低空掠过科摩多岛上空时，才在无意间发现了这种"怪兽"。这个消息立即震惊了全世界。人们万万没想到在如此荒凉的一个岛屿上，居然存在着如此庞然大物。3年后，印度尼西亚政府把这种在地球上其他任何地方都再也找不到的动物保护起来，并视为国宝。

科摩多巨蜥在这个没有外人打扰的小岛上似乎生活得很惬意。它们性情凶猛，在这里几乎没有可以威胁到它们的对手，只有凶猛的咸水鳄才能捕捉

到它们。每天清早，科摩多巨蜥从洞穴中慢慢爬出来，然后找一块巨大的岩石，懒洋洋地趴在上面吸收阳光的热量，直到浑身被太阳晒热了之后才去捕食。

　　科摩多巨蜥觅食时非常有趣。它总是不停地摇头晃脑、吐舌头。它的嗅觉非常灵敏，千米之内的腐肉气味它也能闻到。一般情况下，它们会找寻那些已经死去的动物腐肉为食，但成体也吃同类幼体和捕杀猪、羊、鹿等动物。有时它们会静静在一旁等待，在其他动物经常路过的地方伏击。当猎物临近约1米远时，它就会迅速地窜出来扑上去，用庞大的身躯和巨大的力量将猎物扑倒在地，或者干脆将猎物的后腿咬断，让其失去逃跑的能力，然后紧紧地将猎物置于利爪中，用尖锐的利齿撕开猎物的喉部或腹部，猎物的血如泄洪般滚滚流出，同时也结束了性命。此刻，科摩多巨蜥便可以专心享用美餐了，它用锯齿状的利齿和强有力的脚爪如刀叉一般，将猎物撕成碎块，然后大口大口地吞下这些肉块。曾经有人亲眼目睹一条体重不超过50千克的雌巨蜥，

在17分钟之内就快速吃完了一头约31千克重的野猪。

科摩多巨蜥的胃像一个橡胶做成的皮囊，收缩自如。成年的巨蜥一餐就可以往肚子里塞进多达体重80%的食物，所以，巨蜥在饭前饭后的体重差异非常大。

虽然科摩多巨蜥用餐的速度很快，但是在这期间食物的香味会四处飘散，吸引来一些正处于饥饿中在四处觅食的同类，它们纷纷前来想分享这一顿"免费"的午餐。不过分餐可是有规矩的，体型最大的雄性优先，顺从者或"亲朋好友"。其次，陌生的食客通常只能等到它们都吃饱喝足后才有份。如果胆敢有人不遵守这个规则，会有"头领"用强壮的尾巴进行击打提示，使之不能接近食物。

科摩多巨蜥不仅身体彪悍，它们还有剧毒。科摩多巨蜥的唾液中含有多种高度脓毒性细菌，受到攻击的猎物即使逃脱，也会因伤口引发的败血症而迅速衰竭直至死亡。这些逃脱的猎物就成了攻击者送给其他巨蜥的礼物。

现在，科摩多巨蜥只剩下不超过500~700条，是世界上最珍贵的动物之一，在科摩多岛上的国家公园里，它们被保护起来，也使得科摩多岛成为了印度尼西亚著名的旅游点。

锯鳞蝰蛇

中文名：锯鳞蝰蛇

英文名：Echis Viper

分布区域：非洲北部至锡兰的沙漠

最危险的动物应该是最具杀伤力的动物。对于人类来说，幸运的是没有一种蛇想要以人体为食，它们只是在防御时才会杀死人。杀死人最多的蛇是锯鳞蝰蛇。然而贝氏海蛇的毒性最大，像所有的海蛇一样，贝氏海蛇的毒素已经进化成只针对鱼和鱼之类的动物。它不具有进攻性，没有毒蛇那么显著

的毒牙，只是在意外被渔网网住时才会咬人。在杀伤力方面鸟喙状的海蛇更具危险性，它们栖息在沿海水域，因此与人的接触较为频繁。在澳大利亚水域里有许多海蛇，并且澳大利亚的毒蛇数量是世界上最多的。全世界最毒的12种毒蛇澳大利亚就有11种，内陆太攀蛇或猛蛇是最毒的蛇。

但是澳大利亚并没有陆地蛇类当中最危险的蛇。综合毒液的毒性和产量、毒牙的长度、蛇的性情以及进攻的频率等因素，可以说最危险的蛇应该是锯鳞蝰蛇了。它分布广泛，个头不大（因此很容易被忽视），并且只是在受到威胁时才会采取进攻，但是它很可能是世界上咬死人数量最多的蛇。其名字的由来可能是因为当它感到害怕时，它会摩擦它的鳞片，发出拉锯似的声音。它这样做也许是和大多数蛇一样，只是想要吓走人，并不想咬他们。

珊瑚蛇

中文名：珊瑚蛇

英文名：coral snake

分布区域：中美洲太平洋沿岸及加勒比海沿岸

　　自然界中，珊瑚蛇大约有65种，身上的花纹图案醒目而且体色极其艳丽，主要有红、黄、蓝或红、白、蓝3种颜色的环纹搭配。珊瑚蛇身体很短，浑身粗细均匀，脑袋小而且圆。

　　珊瑚蛇习惯过隐蔽的生活，喜欢在夜间活动，白天很少见到。主要以蜥蜴和其他蛇类为食，可能也食小鼠。它们的幼仔出生时非常小，只有成年人

的手掌那么短。在一些干燥及偏干燥地区，如树林、草原、沙漠矮树丛与农地，人们经常会发现珊瑚蛇的踪迹。珊瑚蛇大多聚居在海拔1800米以内的高度，有时在岩石地带也能够发现它的踪迹。

珊瑚蛇有着美丽的外表、可爱的形体，但是这一切都只是惑人之相，大部分的珊瑚蛇都身负剧毒，故有俗话说："红环接着黄环，咬上一口就完。"它们的毒已经被列为最毒的一种蛇毒，属于神经性毒液。一条珊瑚蛇的毒，可以轻而易举地让一个成年人丧命。珊瑚蛇像一般眼镜蛇一样，长有1对管沟牙，非常尖锐，能够咬紧敌人并对其注射毒液，但是，珊瑚蛇的尖牙较为短小，并且固定在颚骨上，不能大幅度外露，对敌人进行侵略性咬击。由于珊瑚蛇的毒性稍逊于一般眼镜蛇，令对手失去活动能力所花的时间也较长，所以它们在咬对手时通常会紧咬不放，保持相对固定的姿势，让注射进对方身上的毒液慢慢发挥作用。一般情况下，珊瑚蛇不会发起主动攻击，大部分咬伤人类事件都是因为珊瑚蛇受到突然挟制，一时受惊作出的自然反应导致的。

珊瑚蛇的毒素在美国对人类造成的威胁，仅次于响尾蛇。不过，迄今为止，还很少有珊瑚蛇咬伤人以致中毒甚至夺命的事件发生。这是因为珊瑚蛇本质上并不接近人类，分布地也多位于人烟稀少的地区。当它们面对人类时，如情况许可多会选择逃逸，向人类进行咬击只是最后的手段。此外，珊瑚蛇的尖牙很短小，这很少能给人类造成危害。但是，如果人被珊瑚蛇咬伤，仍应该谨慎处理并及时接受适当治疗。珊瑚蛇能分泌强烈的神经毒素，麻痹生物的呼吸器官，使生物呼吸系统受到严重破坏，最终导致死亡。要救护被珊瑚蛇咬伤中毒的人，往往需要动用大量的抗毒血清，我们可以想象，珊瑚蛇的毒性有多么剧烈。

与其他蛇相比，珊瑚蛇体型较小，躯体上长有红色环纹等鲜明的色彩。其吻部为黑色，其后方长有宽幅的黄色环纹。这些黄色环纹非常狭窄。黑色环纹有10~29节左右，至于红色环纹则多杂有黑色斑点。

珊瑚蛇属于眼镜蛇科，但是从外表看来与眼镜蛇迥然不同，而且在生活习性上也大相径庭。

希拉毒蜥

中文名：希拉毒蜥

英文名：Gila Monster

别称：大毒蜥、钝尾毒蜥、吉拉毒蜥

分布区域：美国西部和南部各州

　　希拉毒蜥原产于美国西南部和墨西哥北部，分布的高度从海平面到海拔1600米之间，遍布于内华达州南部、犹他州西南部、加州东南部、亚利桑那州、新墨西哥西南部及墨西哥，同时也是美国最大的蜥蜴。希拉毒蜥是世界上两种有毒蜥蜴之一，另外一种是产于墨西哥的串状链蜥蜴，其体型大于希拉毒蜥，但是性情却不如希拉毒蜥凶猛。

希拉毒蜥属中大型的蜥蜴，体长在37~45厘米之间，体重在900~1200克之间，整个身躯就像一只大个头的壁虎。它长着一颗与四肢的大小很不相称的硕大头颅，具有分岔的黑色舌头，它们吐出舌头的作用与蛇吐信的作用相同，都是借吐舌的行为来探测周围的气味，进而判断食物的位置或寻找配偶等。它的头部、四肢、身体及尾巴都布满了粒状的鳞片，只有吻部及腹面有片状鳞片。吻部至两颊为黑色，身上覆盖有5道马鞍状黑色斑纹，尾部短粗，尾巴上有4~5条黑色带状花纹，底色为鲜艳的橘色或黄色。身上的花纹随着栖息地及年龄不同而发生变化，随着年龄的增长，身上的带状斑纹会逐渐地变成不规则的网状纹路，有些个体的底色变为偏红色。

人迹罕至的灌木林区以及大沙漠中大片仙人掌覆盖的区域，是希拉毒蜥的栖息地。在峡谷或岩石斜坡处、地洞里或者由老鼠骨骸堆成的洞穴中，经常会藏有希拉毒蜥。希拉毒蜥以各种小蜥蜴、啮齿类动物、鸟类雏鸟、鸟蛋等为食。希拉毒蜥虽然外表看起来笨重迟缓，但个性比较凶猛，捕猎的速度更是快如闪电。它的凶狠程度更是体现在其进食啮齿动物幼崽时，它们会从脑袋吃起，绝对是生吞活剥。两雄性希拉毒蜥相遇也会发生打斗。

希拉毒蜥具有冬眠的习性，因此，如果没有经历低温期，多半的雌雄对都无法繁育。冬眠结束，苏醒后的希拉毒蜥雌雄对会立刻进行交配，大概30分钟后，雌性会将卵产于地下洞穴中，每窝一般可产3~12颗蛋，其中多数产卵5颗左右，孵化期一般持续10个月。幼蜥刚一出世，便需要自力更生。如果成长顺利，长寿的希拉毒蜥可以活到30岁以上。

在希拉毒蜥的上下腭中，生有向内弯曲的牙齿，在发达的下腭中还藏有毒牙。幼蜥蜴一出生就有着可怕的毒液。它的每个毒腺都是由许多的小毒叶组成，每个毒叶都靠近牙齿，有各自的小管及出口，随着肌肉的收缩毒腺可以挤出毒液，这些毒液逐渐流到牙齿的沟槽内。

希拉毒蜥的毒液是一种神经毒。人一旦被希拉毒蜥咬伤，毒液就会由伤口进入人体，再随人体内的淋巴腺流到体内的其他部分。一旦到达心脏，毒液中的血毒素就会随之进入人体血液循环中。而血毒素攻击的对象不是血液而是血管壁。因此，被希拉毒蜥咬到的地方，血液就会通过血管壁像水一般喷涌而出，引起大面积出血。受害者会出现四肢麻痹、昏睡、休克、呕吐等中毒症状，不过一般不会有致命的危险。尽管如此，人们还是必须十分小心，因为希拉毒蜥的咬合力量不仅很大而且它们会持续啃咬，一般不会主动松口，所以很容易造成很严重的伤口。

此外，希拉毒蜥是一种由蜥蜴向蛇转变的中间物种，它对于研究蛇类毒液的产生和进化历程等都有着极其重要的意义。

蝮蛇

中文名：蝮蛇

英文名：pit viper

别称：土球子、土谷蛇、土布袋、土狗子蛇、草上飞、七寸子、土公蛇

分布区域：中国、美洲

　　蝮蛇体长达60~70厘米，头略呈三角形。蝮蛇的背面呈灰褐色到褐色，在蝮蛇的头背部长有一深色"∧"形斑，腹面呈灰白到灰褐色，杂有黑斑。

　　人们常常在平原、丘陵、低山区或田野溪沟的乱石堆下或草丛中，发现弯曲成盘状或波状的蝮蛇。蝮蛇捕食鼠、蛙、蜥蜴、鸟、昆虫等小动物。蝮蛇的繁殖、取食、活动等都受温度的制约，低于10℃时蝮蛇几乎不捕食；5℃以下进入冬眠；20~25℃为捕食高峰；30℃以上钻进蛇洞栖息，一般不捕食。夜间活动频繁，春暖之后陆续出动寻找食物。

　　在我国，蝮蛇是分布最广、数量最多的一种毒蛇，关于它的种类分属问题，争论长达几十年，原因就是缺乏足够的根据说服对方。为此，研究人员通过对全国各地的560条蝮蛇标本所搜集的资料进行了比较分析。在我国，根据蝮蛇鳞片数目、头型、色斑以及分布区域的不同，蝮蛇被分成中介亚种、短尾亚种及日本亚种3个亚种。

　　我国蝮蛇主要分布在秦岭以北地区，东起内蒙古，西到新疆，在动物地理区划上，属于古北界蒙新区及华北区的黄土高原亚区的西部。短尾蝮蛇主要分布在秦岭以南，南限约在北纬26°附近，属于东洋界华中区及西南区的

一部分。但山西、河北、山东及东北三省是这两个亚种的同域分布区。

短尾蝮蛇的洞穴大多位于向阳的斜坡，洞口直径为1.5~4.5厘米，洞深可达1米左右，大多利用蛙、鼠等挖钻的旧洞。蛇岛的中介蝮多栖息在石缝、草丛及树枝上，静止不动，头部仰起向着天空。如果有小鸟停落在它的附近，它就会迅速向小鸟发起袭击。人们有时可以看到，一棵小树上缠着几条蝮蛇。人们曾发现，在一株2米高的栾树上有21条蝮蛇，一棵樱树上的蝮蛇多达25条。如果周围的小鸟很少，蝮蛇就会潜伏在草丛及石缝中。

蝮蛇的幼蛇经过2~3年就可以达到性成熟，能够进行繁殖。蝮蛇与大多数种类的蛇不同，为卵胎生殖。在雌蛇体内，蝮蛇胚进行发育，生出的仔蛇能够独立生活。这种生殖方式胚胎能受母体保护，所以成活率高，对人工养殖有利，每年5~9月为繁殖期，每次可产仔蛇2~8条。初生仔蛇体长14~19厘米，体重21~32克。新生仔蛇当年脱皮1~2次，进入冬眠。

五步蛇

中文名：五步蛇

英文名：Long-nosed pitviper

别称：白花蛇、百步蛇、岩头斑等

分布区域：中国的安徽（南部）、重庆、江西、浙江、福建（北部）、湖南、湖北、广西（北部）、贵州、广东（北部）及台湾省，越南北部

　　五步蛇学名为尖吻蝮是亚洲地区及东南亚地区非常有名的蛇种，尤其在中国台湾及华南一带，五步蛇是自古以来备受重视的蛇类。

　　五步蛇的头部较大，呈三角形，吻端由吻鳞与鼻鳞形成一个突起，短而上翘。五步蛇体色黑褐，长有对称大鳞片，具颊窝。体背呈深棕色及棕褐色，背面正中有一行方形大斑块。腹面白色，有交错排列的黑褐色斑块。

　　五步蛇喜欢在海拔100~1400米的山区或丘陵地带生活。它们大多栖息在海拔300~800米的山谷溪涧附近，有时也会进入山区村宅，在厨房与卧室之中出没，与森林息息相关。炎热天气，五步蛇进入山谷溪流边的岩石、草丛、树根下的阴凉处度夏，冬天则在向阳山坡的石缝及土洞中越冬。五步蛇以鼠类、鸟类、蛙类、蟾蜍和蜥蜴为食，但是它最爱吃的还是鼠类。

　　五步蛇还有一个为人熟知的名字，那就是"百步蛇"，意思就是人类只要被五步蛇所咬，走出百步之内必然会毒发身亡，这足以说明五步蛇的毒性非常强。

　　在我国大陆，被五步蛇咬击导致的危险事件和死亡事件极为常见。一方面，由于五步蛇个体较大，性格比较凶猛，还长有长长的毒牙，因此，咬伤的情形

较为严重；另一方面，五步蛇排毒量较大，也是导致人类容易中毒的原因。

　　在我国，五步蛇分布较广，其中武夷山山区和皖南山区的五步蛇最多。根据各省产区历年收购五步蛇蛇干的数量及重点产区进行抽样调查，我国的野生五步蛇目前有1000条。蛇园人工饲养的五步蛇约有1万条。

墨西哥毒蜥

中文名：墨西哥毒蜥

英文名：Mexico monster

别称：珠毒蜥

分布区域：墨西哥、危地马拉

    墨西哥毒蜥又叫做珠毒蜥，是蜥蜴亚目毒蜥科两种有毒蜥蜴之一。原产于美国西南部和墨西哥北部。头部大，呈圆形，躯干粗短厚实，尾巴短胖，缀有明亮的黄色图案。体粗壮，可长到50~70厘米左右。墨西哥毒蜥的体表具黑色和浅红色斑纹或条纹，长有串珠状鳞片。天气暖和时夜出觅食，以小型哺乳动物、鸟类和各种动物的卵为食。其尾部和腹部可储存脂肪，以备冬季耗用。

    除了觅食以外，墨西哥毒蜥90%的时间都待在地下洞穴中，它们攀爬的能力很强，在野外，墨西哥毒蜥经常爬到树上捕食幼鸟或鸟蛋。由于墨西哥毒蜥需要冬眠，因此如果它没有经历低温期，多半无法进行繁殖。冬眠后苏醒的雌雄对会立刻进入交配，过程约30分钟左右，雌性会将卵产于地下洞穴中，每窝可产3~12颗蛋，但通常产5颗左右，孵化期通常是10个月，墨西哥毒蜥幼蜥出生后就需要自力更生，如果成长过程中没有什么意外，墨西哥毒蜥能够活到30年以上，可以算得上长寿蜥蜴。

    如果有人触摸骚扰墨西哥毒蜥，可能会遭到它咬噬中毒。它的下颌十分有力，那可怕的毒牙就长在下颌上。如果被它咬到，毒液会从伤口进入人体，

　　由人体内的淋巴腺遍布体内各处，一旦毒液到达人体的心脏，其中含有的血毒素就会进入人体的血液。它们攻击的不是血液而是血管壁。这时血液就会通过血管壁像水一样喷射出来，发生大面积出血。

　　墨西哥毒蜥与菱背响尾蛇有着相同的毒性，属于神经毒，如果人被咬到就会出现四肢麻痹、昏睡、休克、呕吐等症状，但是这一般不会有致命的危险，因为墨西哥毒蜥并非以类似毒蛇用毒牙注射毒液的方式来瘫痪猎物，毒蜥的毒牙和毒腺都位在下颚，毒牙属于沟牙，毒液由牙沟渗入唾液中，而进入伤口，速度很缓慢，对健康的成人致死率不高，但是人们仍然要十分小心，因为墨西哥毒蜥有很强的咬合力，并且不会主动松口，而会持续啃咬，造成严重的伤口。因此，如果想要捉取墨西哥毒蜥，最好带上皮手套，千万不要被它们迟缓的行动所蒙骗。墨西哥毒蜥咬人的速度快如闪电，人们也要小心它的幼体，千万不要空手去抓它，以免中毒。

黑曼巴蛇

中文名：黑曼巴蛇
英文名：Black Mnmba
别称：黑树眼镜蛇
分布区域：非洲南部

    黑曼巴蛇是非洲最大的毒蛇，在开阔的灌木丛及草原等较干燥地带栖息，以小型啮齿动物及鸟类为食。黑曼巴蛇体型修长，有的成蛇超过2米，最长的可达4.5米。头部长方形，体色为灰褐色，由背脊至腹部逐渐变浅。黑曼巴蛇的口腔内部为黑色，这是黑曼巴蛇最独特的特征。当黑曼巴蛇张开大口时，人们就可以清楚地看到。黑曼巴蛇上颚前端在攻击时会向上翘起，其毒牙能够刺穿接近平面的物体。前沟牙毒蛇，毒液为神经毒，黑曼巴蛇的毒性非常强。它的毒液为神经毒，在没有发现澳洲三大太攀蛇之前，黑曼巴蛇曾被认为是世界第一毒蛇，澳洲三大太攀蛇被发现后，黑曼巴蛇的名声也不亚于从前，计算证明，黑曼巴蛇的1000毫克毒液，能够让一个体格健壮的100千克的大汉在60秒内迅速死亡。

    黑曼巴蛇在非洲是最富有传奇色彩的蛇类，也是最令人恐惧的蛇类，它不仅有庞大有力的躯体、致命的毒液，还具有强烈的攻击性及惊人的速度。

    民间传说中，黑曼巴蛇在短距离内比马跑得还快。还有的传说中，一条遭围捕的黑曼巴蛇，几分钟内竟能杀死13个围捕它的人！虽然这只是传说，但也说明黑曼巴蛇的确是世界上速度最快及攻击性最强的蛇类。当它受到威

胁时，它能高高竖起身体的前半段，并且张开黑色的大口发动攻击，如果被咬伤者没用使用抗毒血清，死亡率接近100%！然而，黑曼巴蛇咬人的事并不常见，如果在蛇发出警告时避开或站立不动，一般不会出现危险。毕竟，攻击人只是在受到打扰并且忍无可忍的情况下才会发生的。

黑曼巴蛇喜欢竖起身体接近50厘米的前半段爬行，而且靠像脚一样的皮肤鳞片可以跳得很高，1米的幼黑曼巴蛇能够轻松地咬住一个2米高的人的脸部，其毒液会迅速进入人的心脏，使其致命。

有几位科学家在非洲南部和非洲东部各捕到了2条活的黑曼巴蛇，经过对其基因研究，发现这2条蛇的基因不同，证明曼巴属有两种黑曼巴蛇：东非黑曼巴和西非黑曼巴。这就是说，世界十大毒王录、非洲五大毒蛇等，凡是有黑曼巴蛇的记录里，都要详细地多分出一个成员了。

虽然黑曼巴蛇在非洲很凶猛，但一物克一物，黑曼巴蛇也有天敌。除人类的捕捉与猎杀外，幼蛇经常受獴的蚕食。而成蛇也可能成为蛇鹫的猎杀对象。

贝尔彻海蛇

中文名：贝尔彻海蛇

英文名：belcheri sea snake

分布区域：澳大利亚西北部的阿什莫尔群岛

贝尔彻海蛇是世界上最毒的海蛇，生活在澳大利亚西北部的阿什莫尔群岛的暗礁周围。贝尔彻海蛇的鼻孔朝上，有瓣膜可以后闭，吸入空气后，可关闭鼻孔潜入水中达10分钟之久，身体表面有鳞片包裹，鳞片下面是厚厚的皮膨胀，可以防止海水渗入和体液丧失。舌下的盐腺，具有排出随食物进入体内过量盐分的机能，贝尔彻海蛇与陆蛇非常相似，最大的区别在于其侧扁如摇橹的尾部。

贝尔彻海蛇的毒性非常强，按照单位容量毒液毒性来讲，其毒性是眼镜王蛇的200倍。贝尔彻海蛇咬到人后没有剧烈感觉，有时还无痛无水肿，所以很难发觉。各种症状开始时都很轻微，但会逐渐恶化。逐渐导致吞咽困难、全身瘫痪等症状，严重的有可能在数十分钟内死亡。贝尔彻海蛇很少攻击人类，除非是因为渔夫捕捉或潜水员不慎踩到它。有经验的潜水员可以捕捉海蛇玩耍。

贝尔彻海蛇虽然是世界上最毒的蛇类，但其性情却颇为温和，除非受到包含强烈敌意的对待才会进行咬击。这些咬击事件，通常发生于渔民捕鱼收网的时候。再者，贝尔彻海蛇的毒牙功效不大，所能分泌的毒液量也不多。基于各种因素，它并未被认为是高度危险的蛇类。但是，在处理此贝尔彻海蛇时，仍需要小心谨慎。

　　避免贝尔彻海蛇的攻击非常简单，不要刻意接近它，如发现它游近时，要保持镇定静止，待它离去再行动。潜水者一定要非常小心谨慎地对待贝尔彻海蛇。

澳洲艾基特林海蛇

中文名：澳洲艾基特林海蛇
英文名：Australian Akit Lin
别称：斑海蛇、青环海蛇
分布区域：热带海域，多在澳大利亚海湾浅水带

　　澳洲艾基特林海蛇也叫"青环海蛇"、"斑海蛇"，爬行纲，海蛇科。它们喜欢在热带海域生活，大多栖息在澳大利亚海湾浅水带。它长着一张大嘴，体细长，有1.5~2米。躯干略呈圆筒形，后端及尾侧较扁平。背部为深灰色，腹部呈黄色或橄榄色，全身长有55~80个黑色环带。澳洲艾基特林海蛇善游

泳，以鱼类为食。卵胎生。在我国辽宁、江苏、浙江、福建、广东、广西和台湾近海，有广泛分布。

澳洲艾基特林海蛇是爬行动物，常常集群生活，每群有成千条，它们经常在一起顺水漂游。澳洲艾基特林海蛇还具有趋光性，夜晚，人们如果用灯光诱捕，将会捕捉到很多。

澳洲艾基特林海蛇有剧毒。它的毒性比眼镜王蛇还要大，如果被它咬一口，数十分钟内就会死亡。所以澳洲艾基特林海蛇也有一个"海里瘟神"的俗称。澳洲艾基特林海蛇在捕捉食物时，也很迅速。这是因为它的毒液能够作用于猎物的神经，猎物中毒之后，肌肉很快就会麻痹，呼吸衰竭，心脏停止跳动。

矛头蛇

中文名：矛头蛇

英文名：Bothrops snakes

别称：黄腭蛇

分布区域：南美洲

矛头蛇是一种产自中南美洲和西印度群岛的毒蛇。矛头蛇与蝮蛇和响尾蛇近缘，但是它不像响尾蛇那样，长有响尾器官。因其头呈矛形，因此被人称为矛头蛇。成年矛头蛇长可达1.8米。其背面呈灰色、黄褐色或棕色，腹部呈白色或米黄色。且背部覆有深色斑点，花纹之间的交界处颜色略淡。

矛头蛇是蝰蛇科的一种极毒蛇类，人被咬伤可能致命。遍布美洲热带各种生境，从耕地到热带森林。西班牙人称之为黄腭蛇。头两侧眼与鼻孔之间各有一眼前窝。头宽大，呈三角形。

中、南美洲的洞蛇属和亚洲的竹叶青蛇属的各种毒蛇，也被泛称为矛头蛇，如黄绿竹叶青、美洲洞蛇、跳蝰蛇、瓦格勒氏竹叶青。黄绿竹叶青体大，会主动攻击人；产于日本琉球列岛的奄美诸岛，常见于人类的住所，一般体长约1.5米，身上带有清晰的深绿色斑块，斑块能够相互连接形成一波形纵带；矛头蛇的毒性不强，但有时也会使人残废或死亡。人们有时会把美洲洞蛇与矛头蛇混淆，美洲洞蛇主要产于巴西，多草地区栖息着数量极多的美洲洞蛇；其咬伤能使多人丧命；一般体长约1.2米，橄榄褐色或灰褐色而有深褐色的斑块。身体两侧有清晰的又粗又黑的半圆形斑，斑的外围呈黄色；产于南美洲，

为危险蛇类。跳蝰蛇产于中美，褐色或灰色，背部有菱形斜斑；常主动攻击人，能从地面跳起进攻，但其毒液对人并不特别危险。

　　矛头蛇有剧毒，可致人死亡。它的许多亲缘种，体色各不相同，有灰色、褐色、淡红色，体表都缀有相同图形。南美北部到墨西哥一带，是矛头蛇的繁衍地，有些种类的矛头蛇生活在树上，在攻击目标之前，它的身体会先盘成环状。

　　矛头蛇白天经常藏在地洞或植物下，夜里出来捕食。小型的哺乳动物、鸟类、青蛙、蜥蜴，都是它的捕捉对象。雌蛇产下的是已经成活的小蛇。并且一次可以产下70多条长约30厘米的小蛇。小蛇刚出生就能够独立生活。虽然矛头蛇有剧毒，但也经常受到天敌犰狳和臭鼬的袭击。

太攀蛇

中文名：太攀蛇

英文名：Coastal Taipan

分布区域：澳洲北部、新几内亚

太攀蛇是致命的一种毒蛇，一般栖息在树林、林地，以捕捉小型哺乳动物为食，卵生。太攀蛇个头很大，长2~3.6米，在澳大利亚，可能是最大型的毒蛇。太攀蛇身体强壮，能够分泌致命毒液，每咬一口释出的毒液可以杀死100个成年人，太攀蛇一次排出的毒液足够杀死50万只老鼠，具有核武器般的杀伤力。太攀蛇与贝尔彻海蛇齐名，是世上最毒的蛇，其毒性比眼镜王蛇强100倍。但是，由于此蛇分布在人迹罕至的荒漠，性格比较温和，看见人会主动避让。

在澳洲，人们对太攀蛇多有防范。它的毒素能引起呕吐，血液凝固，并会使人停止心脏的跳动。

太攀蛇日夜都会活动，捕捉哺乳动物时，行动极其迅速，是世上最毒、连续攻击速度最快的蛇。但是这种蛇与其他蛇不同，一般的蛇对猎物进行攻击时，会咬着猎物不放，注入毒液，但太攀蛇只要咬一口就能注入毒液，所以太攀蛇在捕捉猎物时，会先咬一口，然后立即后退观察情况，等到猎物倒下，太攀蛇就会上前将其吃掉。研究学者发现，人被太攀蛇咬到后，出现的征状与别的蛇不同。血液并不会凝固，但人的七孔会稍微出血，再过一会儿就会看见四周的事物出现重叠影像，然后全身的机能会慢慢停顿，导致瘫痪窒息而死。如果人被太攀蛇咬后，在几分钟内没有注射太攀蛇抗毒血清及得到及时治疗，那就必死无疑。太攀蛇的毒素还会造成受害者大出血、严重的肌肉损伤及肾衰竭，在太攀蛇的毒素中，还含有能破坏肌肉组织及阻止血液凝固的毒蛋白。

澳大利亚太攀蛇和新几内亚太攀蛇都属于太攀蛇，前者体色为褐色，头部颜色较淡，后者体色是乌黑色或褐色，并长有一条沿着背脊的橘色条纹。这两种太攀蛇的头部呈狭长棺木形，看起来十分凶猛。

太攀蛇被激怒时会疯狂发动攻击，它们会在眨眼工夫用毒牙咬受害者数下，攻击速度极快。最长的太攀蛇有3.66米。世界第三大最毒的蛇是海岸太攀蛇，在澳大利亚，这种蛇体型最大。在抗毒液素研发出来以前，被太攀蛇咬到的人没有能够存活下来的。

内陆太攀蛇

中文名：内陆太攀蛇

英文名：The inland Taipan

别称：内陆盾尖吻蛇、沙漠猛蛇、内陆泰攀蛇、凶猛太攀蛇、大斑蛇

分布区域：澳大利亚中部

内陆太攀蛇成蛇仅为2米左右，比普通太攀蛇小，头部略尖，扁平，眼睛相对较大。内陆太攀蛇长有灰色及黄褐色的鳞片，这些鳞片有时会镶有细黑边。躯干部为褐色或橄榄绿色，腹部为黄白色，而头部则为黑色或有黑色斑纹，毒牙长7~13毫米。内陆太攀蛇的前半身在捕食或受到惊扰时会变成"S"形挺立起来，具有较快的攻击速度，几乎快到人眼无法看得见，猎物往往还没来得及反应，已被它的毒牙连续咬了几下。当内陆太攀蛇进行防御时，它的身体会抬离地面。在陆地上，内陆太攀蛇算得上最毒的蛇。它的排毒量达125~400毫克，比响尾蛇毒性强300倍，约相当于眼镜王蛇的20倍，在动物毒素学上足以排到前十位。它每咬一次受害者，其一次排出的毒液能在24小时内毒死20吨的猎物，这相当于25万只小白鼠、100个成年人或两头非洲大象的重量。内陆太攀蛇的毒液在短短的15秒内可以完全杀死一个成年人。

内陆太攀蛇的毒素有两种，即神经毒素和心脏毒素。内陆太攀蛇的毒液分子是从尿钠排泄缩氨酸的蛋白质家族进化而来的。在脊椎动物中，这些缩氨酸能够使心脏周围的肌肉松弛。

内陆太攀蛇的祖先的这些蛋白质，是在蛇毒中产生的，随着时间的推移，

这些蛋白质松弛肌肉的能力越来越强。猎物只要接触到太攀蛇的毒液，体内大动脉中的血压就会迅速下降，发生血块凝结，猎物因此而死。

内陆太攀蛇剧毒中的神经毒素对人体的神经和肌肉接合点有一定的作用，能够抑制和麻痹神经末梢，阻断肌肉与神经的联系。刚开始患者会头疼、恶心、呕吐，继之以腹痛、晕眩和视力模糊，严重的患者还会出现痉挛和昏迷，导致呼吸系统瘫痪。

内陆太攀蛇的毒性极强，在咬对手时能够注入较多的毒液。一次注入的毒液最多可达几百毫克，其毒性强烈，常常是它对猎物发起袭击后尚未松口，猎物已丧命，或许猎物尚未察觉自己遭受伤害，就因毒性发作失去知觉。

东部棕蛇

中文名：东部棕蛇
英文名：King Brown Snake
分布区域：澳洲大陆

东部棕蛇是澳洲的本土特有种，属蛇亚目，眼镜蛇科，是世界上第二毒蛇。东部棕蛇不仅能够产生剧毒毒液，它的毒液也是可以致命的。对于它的毒性，有着不同记载。据说半数致死剂量在0.05~0.03毫克之间，这让它成为

陆地上最毒的蛇之一。它的毒液含有神经毒素和血液凝固剂。即使是幼蛇也具有足够的毒素杀死人类。

　　东部棕蛇具有极强的攻击性。如果遭遇挑衅，它就会利用毒液发动反复攻击。它有力的缠绕能够使猎物窒息。它们以蜥蜴、青蛙和小型哺乳动物为食。东部棕蛇有剧毒毒液，含有阻止血液凝结的成分，因此被它咬伤后，会有大出血的危险。它的毒牙很短，每次注射的毒液只有4毫克，但它的毒液是混合毒液，这种毒液虽然比不上毒蛇之王——太攀蛇、贝尔彻海蛇，但也有极强的杀伤力。

箭毒蛙

中文名：箭毒蛙
英文名：Poison dart frog
别称：毒标枪蛙、毒箭蛙
分布区域：巴西、圭亚那、智利等热带雨林

箭毒蛙经常使用它体内的有毒物质进行防御，因此被归类为有毒动物（有毒动物就是指那些利用身体的某一部位，如尾巴、螯、刺或者牙齿等器官，作为武器向其他动物投放有毒物质的动物）。不过只有当箭毒蛙受到攻击时，它的毒液才会令掠食者中毒，因为它并不希望受到伤害。箭毒蛙通体鲜亮，其中以黄色或者橙色最为耀眼，似乎在炫耀自己的美丽，其实是在警告掠食者它是很危险的。

事实上，金黄色的箭毒蛙很可能是世界上最毒的动物。它皮肤内的毒液毒性非常强，任何动物只要沾上一点，就会中毒，甚至死亡。1只箭毒蛙分泌的毒液可以使100多人致命。虽然这种仅仅分布在哥伦比亚地区的毒蛙，科学家于1978年发现了这种毒蛙，但是印第安人很早以前就发现了这种毒蛙，并且用它们皮肤分泌的毒液去涂抹他们的箭头和标枪，然后用这样的毒箭去狩猎，以使猎物立即死亡。

这种金黄色的箭毒蛙是从其他动物那里摄取蟾毒素（也可称作蛙毒）的，很可能是依靠食用一些小的甲壳虫获得的，而甲壳虫又是通过植物获取的毒素。相比之下，人工繁殖的青蛙却不会有毒，大概是因为它们不食用有毒的昆虫的缘故。箭毒蛙在白天很活跃，除了某种蛇以外几乎没有别的敌人，因为那种蛇对它的毒素有免疫力。令人惊奇的是，在新几内亚岛上也发现了某种鸟的皮肤和羽毛里含有与箭毒蛙相同的毒素。两个距离较远的地方发现同样机理的毒素，很可能要归结于某种小甲壳虫了。类似于哥伦比亚的某种甲壳虫，这里的甲壳虫也含有这种蟾毒素。

蟾蜍

中文名：蟾蜍

英文名：toad

别称：癞蛤蟆

分布区域：温带和热带地区

　　蟾蜍属于两栖动物纲无尾目。最常见的蟾蜍是大蟾蜍，俗称癞蛤蟆。皮肤粗糙，背面长满了大大小小的疙瘩，这是皮脂腺。其中最大的一对是位于头侧鼓膜上方的耳后腺。这些腺体分泌的白色毒液，是制作蟾酥的原料。

　　蟾蜍虽然在陆地生活，但产卵时必须找一个合适的水塘，雄性负责寻找合适的水体，雌性被其叫声吸引，体外受精，卵在水中发育成蝌蚪，以水藻为食，成体捕食昆虫、蜗牛等。

　　蟾蜍是昼伏夜出的动物。白天，蟾蜍多隐蔽在阴暗的地方，如石下、土洞内或草丛中。傍晚，蟾蜍会在池塘、沟沿、河岸、田边、菜园、路边或房屋周围等处进行活动，尤其雨后常集中于干燥地方捕食各种害虫。大蟾蜍冬季多潜伏在水底淤泥里或烂草里，也有在陆上泥土里越冬的。

　　早春是蟾蜍在水中产卵的季节。蟾蜍卵与青蛙卵有所区别。青蛙卵是一团一团的，而蟾蜍卵则呈一条连续的线状长带，带内的卵排成两行，像一串珠子似的。

　　蟾蜍与青蛙的幼体蝌蚪也不同。青蛙的蝌蚪身体近似圆形，体色较浅，尾巴很长，口在头部的前端。蟾蜍的蝌蚪身体稍长，黑色，尾巴比较短，其

颜色比身体稍浅，口在头部前端的腹面。

　　除了澳大利亚和马达加斯加岛等海岛以外，世界上的其他地方，都分布有蟾蜍科的动物。这些"蟾"类动物约有250种，大部分生活在陆地上，栖身在地洞内，但也有的生活在水中或树上。

绿蟾蜍

中文名：绿蟾蜍

英文名：Green Toad

分布区域：欧洲、亚洲、北非、中国

　　绿蟾蜍是一种两栖动物，为蟾蜍科，蟾蜍属。在欧洲大陆、亚洲、北非及中国的西藏、新疆等地，有广泛分布，常见于沼泽水坑、沙漠边缘绿洲以及半咸水。其生存的海拔上限为4500米。该物种的模式产地在奥地利维也纳。

　　绿蟾蜍以蟋蟀、黄粉虫、小蝴蝶、蚯蚓、飞蛾、甲虫和毛虫等各种昆虫

和无脊椎动物为食。

　　绿蟾蜍在不同的分布地，皮肤颜色和图案也各不相同。绿蟾蜍背上斑点的颜色从绿色到深棕色，有些甚至为红色。大部分蟾蜍的腹部为白色或浅色。

　　绿蟾蜍的体色变化较大，随着温度和光线不同而变化。另外，与其他蟾蜍类似，在绿蟾蜍的颈部后面，长有一种腺体，在它受到威胁时就会分泌一种毒素。雌性蟾蜍个头大于雄性，一次能够产卵9000~15000个。最大的卵长达6英寸，但是这样的卵非常罕见。

　　意大利和法国之间，是绿蟾蜍在欧洲西南的分布边界。在西班牙，绿蟾蜍栖息在巴利阿里群岛。但在早更新世时，绿蟾蜍在最适合生存的伊比利亚半岛却消失了。一种理论认为100万年前突然的变冷时期是绿蟾蜍消失的可能因素之一。还有一种理论认为，体型更大、更有竞争力的黄条背蟾蜍的出现也可能取代了当时绿蟾蜍在当地的地位。

第三章

其他剧毒动物

　　在动物世界这个大家庭中，有着形形色色的动物，"大块头"威猛骇人，小动物娇小可爱。虽然有些动物其貌不扬，却令人畏惧，别看它们体型不大，但是它们娇小的身躯中可能隐藏着超强的毒性，招惹了它们很可能就会性命不保。

黑寡妇蜘蛛

中文名：黑寡妇蜘蛛

英文名：Black widow spider

别称：黑寡妇

分布区域：热带及温带

　　人们经常说的黑寡妇蜘蛛特指属内的一个物种，有时黑寡妇蜘蛛也指多个寡妇蜘蛛属的物种，其中有31种已被识别的黑寡妇蜘蛛，包括澳洲红背蛛和褐寡妇蜘蛛。而在南非，黑寡妇蜘蛛被称作纽扣蜘蛛。

　　雌性黑寡妇蜘蛛有亮黑的腹部，并长有一个沙漏状斑记。黑寡妇蜘蛛的这个斑记通常呈红色，有些可能在白色和黄色之间，或是红色到橘黄色之间的颜色。对某些物种，斑记可能是分开的两个点。雌性黑寡妇蜘蛛腿长大约38毫米，躯体约13毫米。雄性黑寡妇蜘蛛大小只有雌性蜘蛛的一半，甚至更小。成年雄性蜘蛛可以通过更纤细的躯体和更长的腿、更大的须肢与未成年雌性蜘蛛区别开来。

　　黑寡妇蜘蛛通常生活在温带或热带地区，分布的范围较褐色蜘蛛广泛得多，如美国北部至加拿大南端，南到加州、佛罗里达州都可以看见黑寡妇蜘蛛的踪迹。黑寡妇蜘蛛喜欢藏身在阴暗的角落，如排水管中、岩洞内，所结的蜘蛛网并不规则，而且多结在靠近地面的墙角或暗处。它们一般以各种昆虫为食，偶尔也捕食虱子、马陆、蜈蚣和其他蜘蛛。当猎物缠在网上，黑寡妇蜘蛛就迅速从栖所出击，用坚韧的网将猎物稳妥地包裹住，然后刺穿猎物并将毒素注入。毒素10分钟左右起效，此间猎物始终由黑寡妇蜘蛛紧紧把持

着。当猎物的活动停止，黑寡妇蜘蛛就会把消化酶注入猎物的伤口。随后黑寡妇蜘蛛会把猎物带回栖息地。黑寡妇蜘蛛具有强烈神经毒素，它的毒素比响尾蛇还要厉害15倍。毒蜘蛛口腔内有坚硬的结构——螯肢，即上颚，内有毒腺。当它们遭到惊动时，为了自卫，立即扑上去螯伤来犯者，此时蜘蛛体内会分泌一种神经性毒蛋白的液体，这种液体从螯肢经皮肤伤口进入被螯者的体内，被螯时会产生剧烈的疼痛感，之后受害者的运动神经中枢就会发生麻痹，严重的则会死亡。它是世界上最毒的蜘蛛之一。

　　如果人类被黑寡妇蜘蛛咬到，会产生针刺般的感觉，伤口四周的肌肉还会出现痉挛，并逐渐蔓延到全身，同时，患者还会腹绞痛、头痛，并伴有焦虑不安、流冷汗、颤抖、心跳加快、血压升高等症状。中毒严重的患者甚至还会出现心脏或呼吸衰竭，有致死的可能。在处理黑寡妇蜘蛛的咬伤时要因人而异，一般可分为3种情况：如果受伤情况较轻，没有什么明显不适，而且心跳、呼吸、血压等生命现象都很正常，只需观察1~2个小时病情没有恶化就行。如果感觉稍有不适，伤口四周肌肉出现痉挛，在这种感觉蔓延开来之前只需要接受住院治疗，或吃一些止疼药就行了。如果情况非常严重，伤者血压、心跳等都不稳定，除了要接受静脉注射等外，还要考虑注射抗毒血清，以确保伤者安全。虽然黑寡妇蜘蛛是有名的毒蜘蛛，但歹毒的是雌蜘蛛，它们不但袭击其他昆虫，而且还吞食自己的"丈夫"，甚至敢攻击招惹它们的人，而雄性的黑寡妇蜘蛛性格较温和，毒性较小，不会袭击人。这也是黑寡妇蜘蛛名字的由来。

人们常见到的蜘蛛，雌性比雄性的大得多，但是黑寡妇蜘蛛却不同，雌性黑寡妇蜘蛛比雄性黑寡妇蜘蛛重100倍，是雄蛛和雌蛛相差最大的蜘蛛。对于人类和不少其他动物来说，高大魁梧的雄性更容易获得雌性的青睐。可是在蜘蛛世界，这个择偶原则失效了。对于大腹便便的雌蛛来说，大雄蛛并不是它们最佳的配偶，相反，那些短小精悍的雄蛛倒是更容易受到它们的青睐。雄蛛在准备交配时，会先用蛛丝织成一个小网，然后射进一滴精液，再将精液转移到肢须附节的球形囊内，寻找雌蛛，完成授精工作。

雌蛛为什么会选择体型较小的雄蛛来进行交配呢？这还得从雌蛛身上去找原因。

雄蛛要想和雌蛛交配，必须经过三关：第一关，雄蛛在接近雌蛛时要避开天敌的伤害，有许多雄蛛都是在寻找雌蛛的过程中不幸而亡；第二关，雄蛛要避开雌蛛无情的攻击；第三关，雄蛛要能迅速爬上雌蛛那巨大的身体，就如同爬一座小山一样。雄蛛要过这三关，就必须有高速的奔跑速度，一旦速度变慢，就会丧身天敌，或者被其他雄蛛打败。科学表明，雄蛛的运动速度和体型成反比，所以体型越小的雄蛛可以很快到达雌蛛身上。对于雄蛛而言，速度就是它保命的护身符。同时，有些雌蜘蛛与个头较小的雄蛛交配过程较长。一旦与雌蛛完成交配，雄蛛就必须迅速离开雌蛛那硕大的身体，否则就会成为雌蛛的又一个"亡夫"。

虽然大部分雄蛛为完成交配最后免不了"壮烈牺牲"，成为雌蛛的一顿美餐，但是为了繁殖后代，雄蛛还是前赴后继地向雌蛛进军。正因为雄蛛能够为繁殖后代献身，黑寡妇蜘蛛才得以繁衍。在动物世界里，还有一些勇于献身的动物，如螳螂、蜜蜂、蝉及其他鱼类等。

蝎子

中文名: 蝎子

英文名: scorpion

别称: 琵琶虫、钳蝎

分布区域: 世界各地

许多物种在经过7000万年地球的不断演变后，已经改变了原来的形态，一些冷血动物如鸟类、哺乳类及人类进化为耐寒的可以调节体温的热血动物。当然，每次大规模物种进化后，总会有一些物种保留原状，如鱼类进化为两栖类后，仍然可以延续生存。爬行类中的蝎子，至今也仍然保留了7000万年前恐龙的原始形态。

蝎子与蜘蛛同属蛛形纲动物，它们有极其相似的体型特征，如瘦长的身体、弯曲分段且带有毒刺的尾巴。陆地上最早的蝎子约出现于4.3亿年前的希留利亚纪。世界上的蝎子有800余种，我国的蝎子超过10种，常用以入药的为东亚钳蝎，亦称马氏钳蝎。东亚钳蝎数量最多，分布最广，遍布我国10多个省，其中以山东、河北、河南、陕西、湖北、辽宁等省分布较多。

蝎子的外形跟琵琶相似，全身表面都是硬皮，体长约5~6厘米，身体由头胸部、前腹部和后腹部组成，头胸部、前腹部合在一起呈扁平长椭圆形，后腹部(可称尾部)由6节组成，分节明显，细长并能向上及左、右方向卷曲活动。尾节末端有钩状毒刺1个。头胸部背前缘两侧，各有2~5对侧眼，中央有1对中眼。头胸部还有6对附肢，第1对为有助食作用的螯肢，第2对是形

似蟹螯的长而粗的角须，具有捕食、触觉及防御等功能，其他4对为步足。口长在腹面前腔的底部。蝎子的背面为黄褐色，腹面及附肢颜色很浅，后腹部第五节的颜色较深。

蝎子昼伏夜出，视力很差，嗅觉十分灵敏，对各种强烈的气味如油漆、汽油、煤油、沥青以及各种化学品、农药、化肥、生石灰等有强烈的回避性，喜暗怕光，喜欢在较弱的绿色光下活动，喜潮怕湿，久旱无雨时会钻到地下约1米深的湿润处躲藏，而碰上阴雨天气，地上有积水时，它们又会爬往高处躲避。大多生活在片状岩杂以泥土的山坡、不干不湿、植被稀疏，有草和灌木的地方。蝎子在树木成林、杂草丛生、过于潮湿、无石土山、无土石山以及蚂蚁多的地方，较为少见。它们也耐寒和耐热，在零下5~40℃的情况下都能够生存，有冬眠习性，一般在4月中下旬，即惊蛰以后出蛰，11月上旬便开始慢慢入蛰冬眠，全年活动时间有6个月左右。

蝎子完全是肉食性动物，以无脊椎动物如蜘蛛、蟋蟀、小蜈蚣、多种昆虫的幼虫和若虫等为食。尾刺是它们主要的药用部位，又叫毒刺、毒针、螯

刺，位于身躯的最末一节。它是由一个球形的底及一个尖而弯曲的钩刺所组
成，从钩刺尖端的针眼状开口射出毒液。蝎毒液是由1对卵圆形、位于球形底
部的毒腺所产生，毒腺的细管与钩针尖端的两个针眼状开口相连。每一个腺
体外面包有一薄层平滑肌纤维，能够借助肌肉强烈的收缩，由毒腺射出毒液，
这些毒液能够用来自卫和杀死猎物。

　　蝎子的进食速度很慢。取食时，它们用触肢将捕获物夹住，把蝎尾举起，
弯向身体前方，用毒针螫刺。毒腺外面的肌肉收缩，毒液即自毒针的开孔流
出。大多数蝎的毒素足以杀死昆虫，但对人没有致命的危险，只会引起灼烧
般的剧烈疼痛。蝎用螫肢慢慢撕开猎物，先吸食完猎物的体液，再吐出消化
液，将食物的身体组织于体外消化后再吸入。巴勒斯坦毒蝎是地球上毒性最
强的蝎子，它们在各毒王榜上都名利前五。它们长长的螫的末尾是带有很多
毒液的螫针，如果人没注意到它，就会被刺一下，出现极度疼痛、抽搐、瘫
痪，甚至还会出现心跳停止或呼吸衰竭。在以色列和远东的其他一些地方，
生活着巴勒斯坦毒蝎。蝎子虽然含有剧毒，但只要掌握诀窍不被它们的尾刺
叮上，就不会有严重的伤害。蝎子的尾刺能够上下垂直活动，但不可以左右

摆动，知道了蝎子尾刺的这个特性之后，只需用大姆指和食指正面捏住它，就不会被它蜇伤了。

蝎子对人类作出了杰出的贡献，一只蝎子1年能够捕杀1万多只害虫，我国早已把蝎子列为国家重点保护动物。如果对蝎子进行大量捕捉，将会使其数量锐减，害虫大量繁殖，严重破坏生态平衡。如果在每年6~9月蝎子的繁殖期间大规模捕捉蝎子的话，极有可能致使当地的野生蝎子灭绝。

蜈蚣

中文名：蜈蚣

英文名：Scolopendra

别称：天龙、百脚、百足虫、千足虫、天虫、千条腿、蝍蛆

分布区域：世界各地

蜈蚣又名天龙、百足、百脚虫，源起希留利亚纪，存活下来的有2800种。蜈蚣和节肢动物一样，以多节肢生物闻名。在神话故事或电影里，蜈蚣巨大无比，破坏力极强，而现实生活中的蜈蚣最大的长达22厘米，躲在电视机柜后面，被人当成一只不得安宁的小老鼠。

蜈蚣属于扁长节肢食肉动物，体呈扁平长条形，长9~17厘米，宽0.5~1厘米。蜈蚣全身由22个环节组成，最后一节细小。头部两节暗红色，有触角及毒钩各1对，背部棕绿色或墨绿色，有光泽，并有纵棱2条，腹部淡黄色或棕黄色，皱缩，自第二节起每体节有脚1对，呈黄色或红褐色，弯作钩形。脚生于两侧，质脆，断面存在裂隙，气微腥，并伴有特殊刺鼻的臭气，味辛而微咸。蜈蚣的第1对脚非常锐利，呈钩状，钩端长有毒腺口，一般称为腭牙、牙爪或毒肢等，能排出毒汁。药用蜈蚣是大型唇足类多足动物，有21对步足和1对颚足，有些蜈蚣的步足很多，有的为35对，也有的为45对，最多的能达到173对。蜈蚣以脚多闻名，因此被人们称为百脚虫。

蜈蚣的寿命为6年。蜈蚣性成熟以后，一般在每年的3~5月和7~8月的雨后初晴的清晨进行交配，历经40天后开始产卵，雌蜈蚣在自己的背上

生下受精卵，以便及时孵化。每只雌蜈蚣一次排卵达2~3小时，每次产卵80~150粒。卵表面黏液很多，卵粒互相粘在一起成为卵块。雌蜈蚣在孵卵期间，不吃不喝，等到孵化出幼蜈蚣后才会进食。

蜈蚣的毒腺能够分泌出大量毒液，人如果被蜈蚣咬伤，毒液就会顺腭牙的毒腺口进入皮下，导致人体中毒。

被蜈蚣咬伤后只会在局部发生红肿、疼痛，如果被热带型大蜈蚣咬伤，可导致淋巴管炎和组织坏死，有时整个肢体会出现紫癫。有的还会头痛、发热、眩晕、恶心、呕吐，甚至还会抽搐、昏迷。如果被长江流域的红头黑身黄脚蜈蚣咬到手，咬伤处就算及时处理还是会感觉非常疼痛，2个小时内肘关节处痛楚不断，3个小时腋窝处开始剧烈疼痛，4~5个小时后，胸口隐隐作痛，蜈蚣一般不会有致命危险，4天过后这些症状就会渐渐消失。

被蜈蚣咬伤，必须进行应急处理，立即用肥皂水清洗伤口，局部应用冷湿敷伤口，亦可用鱼腥草、蒲公英捣烂外敷。如果出现头疼、恶心、抽搐甚至昏迷等症状必须去医院救治。

蜈蚣是典型的肉食性动物，性情凶猛，食物范围广泛，尤其喜欢小昆

虫。它们长有能射出毒液的颚爪，甚至可杀死比自己大的动物，也有同种互相残杀中毒而致死的现象。蜈蚣所吃的昆虫有蟋蟀、蝗虫、金龟子、蝉、蚱蜢以及各种蝇类、蜂类，甚至还吃蜘蛛、蚯蚓、蜗牛以及比其身体大得多的蛙、鼠、雀、蜥蜴及蛇类等。在早春食物缺乏时，也可吃少量的青草及苔藓的嫩芽。

　　蜈蚣生活在多石少土的低山地带，平原地区也有少量分布。它栖息在阴暗、温暖、避雨、空气流通的地方。蜈蚣钻缝能力极强，它们往往以灵敏的触角和扁平的头板对缝穴进行试探，岩石和土地的缝隙大多能通过或栖息。蜈蚣性畏日光，昼伏夜出，白天潜伏在砖石缝隙、墙脚边和成堆的树叶、杂草、腐木、阴暗角落里，等到夜间，蜈蚣就会出来活动、觅食。10月，天气逐渐变冷，此时，蜈蚣就会钻入背风向阳山坡的泥土中，潜伏在离地面约12厘米深的土中越冬至次年惊蛰后（3月上旬），随着天气转暖又出来活动觅食。

捕鸟蛛

中文名：捕鸟蛛

英文名：Tarantula

别称：地老虎

分布区域：北回归线以南的热带、亚热带山区和半山区

　　你能想象一个蜘蛛的身体竟然有拳头那么大吗？这就是蜘蛛中的巨人——捕鸟蛛。它的四肢展开后可以达到25厘米，因为它可以捕食鸟类而得名。

　　捕鸟蛛是较原始的蜘蛛，也是世界上最大的蜘蛛。长约10厘米，体为黑褐色，脚有8条，又长又有力，还长有一层吓人的绒毛。

　　捕鸟蛛全身长满细毛。南美洲及北美洲的捕鸟蛛还长有一种刺激性的短毛，遇到老鼠能够用后脚扫散自然的致痒粉。老鼠会全身发痒。因为有这种护身方式，美洲的捕鸟蛛也许没有亚洲等地捕鸟蜘那么厉害，它们的毒性常低于亚洲捕鸟蛛。

　　捕鸟蛛一般有剧毒，再加上体型巨大，算得上是爬虫之王。捕鸟蛛头部还生有一对强有力的螯肢，其上长有螯牙，好像一把弯钩，能自如地上下勾。螯牙下连毒腺，毒液能从螯牙的尖端分泌出来。捕鸟蛛的身上和脚上有许多毛，给人的感觉也是毛茸茸的，它们可是捕鸟蛛用来感觉这个世界的秘密武器。周围环境有了什么变化，捕鸟蛛都能通过这些毛察觉到，比如振动、化学信号、温湿度等变化。正因为捕鸟蛛有这些毛，因此，它能够感知到猎物移动产生的极其微小的振动，并对其进行准确地猎杀。

　　在自然界中，捕鸟蛛是最巧妙的猎手之一。它能够喷丝织网，在树枝间编织强黏性的网，捕捉喜食的小鸟、青蛙、蜥蜴及其他昆虫。捕鸟蛛一般多在夜间活动，白天隐藏在蜘蛛网附近的巢穴或树根间，一旦有猎物落网，它就迅速爬过来，抓住猎物，分泌毒液，猎物毒死后，就成为它的食物。由于它十分凶悍，人类也要提高警惕。捕鸟蛛的蛛网能承受300克的重量。1975年，在墨西哥曾发现有捕鸟蛛的蛛网。一株大树的几根树枝，被一张巨大而多层的捕鸟蛛网所遮盖，最大的捕鸟蛛网竟能将一棵18.3米高的大树上部3/4的树枝遮蔽住。

　　捕鸟蛛具有极高的捕食本领。曾有这样一则事例：一只捕鸟蛛在一片没有草的土地上挖了一个大坑，并在坑中间结了一张厚厚的大网。飞来的小鸟看见这个大坑很好奇，就想看一看，一不小心就掉进了坑里。捕鸟蛛猛扑过来，狠狠咬住了小鸟。小鸟拼命挣扎，努力地向上飞，想甩掉捕鸟蛛，可是捕鸟蛛咬得很紧，它还在小鸟的身体里注进了毒液。小鸟挣扎了一会儿就不动了，最后终于死亡，于是，捕鸟蛛开始享用它的美餐。

　　有的捕鸟蛛生活在树上，而有的则生活在地上。它们都在树枝和地面编

织具有强黏性的网，一旦捕鸟蛛喜食的小鸟、青蛙、蜥蜴和其他昆虫落入网中，必定成为捕鸟蛛的口中之食。

捕鸟蛛在捕食猎物时，首先把消化液喷到猎物身上，然后再进行捕猎。捕鸟蛛喷出的消化液，是一种腐蚀毒液，它可以使猎物逐渐失去抵抗和逃跑能力。经过消化液腐蚀的猎物，也是捕鸟蛛最喜欢的美味。

一般情况下，雌性捕鸟蛛的寿命为10~20年。墨西哥的"红膝头"则能活20多年，但雄性捕鸟蛛的寿命却要短得多。由于种类不同，寿命也不同。一般的雄性捕鸟蛛能活2~5年，也就是蜕皮为成体后，它们会在1~3年内死亡。

跳蛛

中文名：跳蛛
英文名：jumping spider
分布区域：世界各地

从它的名字上便可想见，跳蛛是一种善于跳跃攀爬的蜘蛛。它总是在白天出没，喜欢阳光。与蜘蛛目中其他蜘蛛相比，它有着明显不同的特点：头胸部呈方形，8只眼睛里有2只大得出奇。这2只大眼睛的作用不容小觑，它们的视力不但在蜘蛛中是最好的，在所有的无脊椎动物中也是最好的。跳蛛的

腿粗壮有力，不是像结网蜘蛛那样利用蛛网守株待兔，而是四处游荡，也许是落叶上，也许是屋内，在高处活动时，还会从腹部牵出一根蛛丝防止不慎跌落。如果发现猎物，就会缓缓靠近，选定合适的位置和角度一跃跳到猎物身上，再把螯狠狠刺入猎物体内，注射毒液，等猎物不再动弹，体内逐渐液化以后就可以安心享用了。基本上，跳蛛会把它能碰到的昆虫都当成自己的食物。

跳蛛绚丽多彩，在阳光的照耀下常呈现出金属般的光泽。雌、雄蛛的体型和大小差别不太大，但色彩和斑纹却存在着明显的差异。雄蛛遇到雌蛛时，就会挥舞其艳丽的第一足，身体则左右摇晃，向雌蛛求爱。如雌蛛为同种，则用足作出回答的讯号。跳蛛的巢常结在树皮下、叶下、落叶丛或墙缝等处，巢呈薄囊状。跳蛛在巢中产卵、越冬或隐蔽。

跳蛛捕食时的动作与虎类似，能够一跃而起将蚊蝇捕获。跳蛛的网平坦而密集，常织在树上低矮叶密之处或干草、干土方便处，在网的里端，还有一个网洞伸入树叶或干草、干土的空隙中。跳蛛遇到威胁时，很快就会藏入洞内，平时则在洞口潜伏守候，如遇猎物上网挣扎即快速出击并捕获。

火蚁

中文名：火蚁

英文名：Solenopsis invicta Buren

别称：红火蚁、外引红火蚁、泊来红火蚁

分布区域：南美洲

　　火蚁生活在巴西热带雨林地区，是一种蚁类动物，有剧毒，咬人以后火蚁会在人体内注入毒液，使人麻木昏迷。现存的火蚁约有266个物种，其中最知名的为入侵红火蚁。火蚁的尾部带刺，动物被螫伤后毒素就会进入体内，产生被火灼伤般的疼痛，严重者会死亡。这也是"火蚁"得名的原因。

　　在20世纪40年代，一艘载着木材的货船从巴西开往美国，栖息在木材中的火蚁也一起出了国。适应性和繁殖能力极强的火蚁很快在美国蔓延开来，范围波及10个州。据美国3个州的调查显示，每年有1万多名被火蚁咬伤的患者来医院治疗。火蚁的威胁还没有解除，另一种被称为"魔鬼蚁"的蚂蚁大军又开始袭击美洲大陆。这种魔鬼蚁毒性比火蚁更为强烈，人畜被它咬了之后，很快就会丧命。

　　火蚁是本属蚂蚁的统称。工蚁体长1~9毫米，单或多蚁后制。有10节触角，2节鞭节棒，复眼大小变化很大。火蚁的毒液为生物碱成分，能够引起剧烈的疼痛，甚至会出现过敏反应。我国广东、海南、香港、台湾及日本、菲律宾，也生活着火蚁。有的记录中有猎食火蚁与知本火蚁两种本土火蚁种。这两种的体型小，族群个体有限，不具威胁性。另一种热带火蚁十多年前便

已入侵中国台湾，具攻击性，但族群数量较少，威胁也较小，不会引起过敏性伤害。目前入侵的红火蚁，外形与热带火蚁非常相似，具有明显的头楯中齿，头部比例较小，后头部平顺没有凹陷。入侵红火蚁的完整蚁丘高度在10~30厘米，直径30~50厘米。入侵红火蚁在受到攻击后会进行积极回击。

火蚁对人类进行攻击时，会用其有力的下巴啃咬人的皮肤，然后弯曲身体，通过腹部的毒针对人体皮肤注射毒液。大量酸性毒液的注入，能够立即产生破坏性的伤害与剧痛，毒液中的毒蛋白还能够使人产生过敏，导致休克死亡。如果脓泡破掉，常常会引起细菌的二次感染，因此为避免伤口的二次感染，需避免将脓泡弄破。

子弹蚁

中文名：子弹蚁

英文名：Bullet ant

分布区域：亚马逊地区

子弹蚁是世界上众多蚂蚁种类之一，栖息在中南美洲地区的雨林中，外貌与黄蜂的祖先极其相似，数百万年来几乎没有什么改变。由于进食习惯等原因，这种生活在拉美森林中的蚂蚁总是单独觅食。子弹蚁是一种小型的毒蚂蚁，它们会分泌一种毒素，它们的捕食对象是一些昆虫和小型的蛙类。它的叮咬对人类来说虽不致命，却能造成巨大的痛苦。据说，这种疼痛比被子弹击中还难受。

小型蛙类是子弹蚁爱吃的食物，而体型微小的驼背蝇，却是子弹蚁的天敌。当子弹蚁挥舞着大钳子毫无顾忌地招摇过市时，它们常常会忽视驼背蝇的存在。微小的驼背蝇有一种专门对付子弹蚁的解毒药，而子弹蚁的钳子太大太重，根本不能给对手造成任何威胁。最后，这些驼背蝇就达到了自己的目标：把卵产在这个子弹蚁的身上。子弹蚁比驼背蝇大100倍，足够驼背蝇的蛆虫大吃一顿了。

如果人类被子弹蚁咬上一口，并不会立即死亡，但是那种子弹穿过般的剧烈疼痛是一辈子也不会忘掉的。这是世界上已知最痛的叮咬。子弹蚁的名字正是由此而来。子弹蚁被描述为"带给人一浪高过一浪的炙烤、抽搐和令人忘记一切的痛楚，煎熬可以持续24小时而不会有任何减弱"。在所有昆虫里，子弹蚁咬人是最痛的，如果有人不幸被子弹蚁咬到，那就必须承受24小

时的剧痛。辛辛那提动物园无脊椎动物、爬行动物和两栖动物馆馆长兰迪·摩根马说："我曾被子弹蚁叮咬过，我感觉与其他毒虫相比，那种痛感是最剧烈的。它能持续24个小时，我感觉有人一直在用棒球棍重重地击打我，那种深入骨髓的疼痛，实在令人难以忍受。"

南美洲的一个本土部落（子弹蚁的产地）用子弹蚁对本部的年轻人进行严格考验——年轻人必须戴上有数百只发怒的子弹蚁的手套。这些年轻人每次会让子弹蚁叮咬10分钟，并且重复20次。但是他们还算是幸运的，虽然子弹蚁叮咬后非常疼痛，但是绝不会留下永久性的损伤。

蜜蜂

中文名：蜜蜂
英文名：Bee
分布区域：世界各地

　　蜜蜂完全以花为食，包括花粉及花蜜，有时调制储存成蜂蜜。毫无疑问的是，蜜蜂在采花粉时亦同时对它授粉，当蜜蜂在花间采花粉时，会掉落一些花粉到花上。这些掉落的花粉关系重大，因它常造成植物的异花传粉。蜜蜂身为传粉者的实际价值比其制造蜂蜜和蜂蜡的价值更大。蜜蜂虽然是一种很漂亮的动物，但是它的尾部却有可以用于防身的毒刺。有危险时，会用毒刺进行攻击。

　　蜜蜂中的雄蜂通常寿命不长，不采花粉，亦不负责喂养幼蜂。工蜂负责所有筑巢及贮存食物的工作，而且通常有特殊的结构组织以便于携带花粉。大部分蜜蜂采多种花的花粉，不过，有些蜂只采某些科花的花粉，有的只采某种颜色花的花粉，还有一些蜂只采一些有亲缘关系花的花粉。蜜蜂的口部是花粉采集和携带的器具，似乎能适应各种不同种类的花。蜜蜂会发出声音，这是因为它有发声器官，这个发声器官位于蜜蜂腹部的两个极其小的黑色圆点处。

　　在蜜蜂社会里，它们仍然过着一种母系氏族生活。蜜蜂一生要经过卵、幼虫、蛹和成虫四个变态过程。在它们这个群体大家族的成员中，有一个蜂王（蜂后），它是具有生殖能力的雌蜂，负责产卵繁殖后代，同时"统治"这

个大家族。蜂王虽然经过交配，但不是所产的卵都受了精。它可以根据群体大家族的需要，产下受精卵，工蜂喂以花粉、蜜蜂，21天后发育成雌蜂（没有生殖能力的工蜂）；也可以产下未受精卵，24天后发育成雄蜂。当这个群体大家族成员繁衍太多而造成拥挤时，就要分群。分群的过程是这样的：由工蜂制造特殊的蜂房——王台，蜂王在王台内产下受精卵；小幼虫孵出后，工蜂给以特殊待遇，用它们体内制造的高营养的蜂王浆饲喂，16天后，这个小幼虫发育为成虫时，就成了具有生殖能力的新蜂王，老蜂王即率领一部分工蜂飞走另成立新群。中华蜜蜂和意大利蜜蜂都是普遍饲养的益虫，在饲养过程中，新蜂王出世后就要人工替它分群，否则会有一个蜂王带领一批工蜂离开蜂巢飞走而损失蜂群的生产力。

蜜蜂的飞翔时速为20~40千米，高度1千米以内，有效活动范围在离巢2.5千米以内。所有的蜜蜂都以花粉和花蜜为食，采集花蜜是一项十分辛苦的工作，蜜蜂采1100~1446朵花才能获得1蜜囊花蜜，在流蜜期间1只蜜蜂平均日采集10次，每次载蜜量平均为其体重的一半，一生只能为人类提供0.6克蜂蜜。花蜜被蜜蜂吸进蜜囊的同时即混入了上颚腺的分泌物——转化酶，蔗

糖的转化就从此开始，经反复酿制蜜汁并不停地扇风来蒸发水分，加速转化和浓缩直至蜂蜜完全成熟为止。根据种类的不同，工蜂的数量一般在12~5万多只的范围内，它们收集花蜜和花粉，如果是蜜蜂，还会将花蜜和花粉传送到特定的地方，这要通过跳特殊而严格的舞蹈而获得。它们的职责包括酿蜜，做蜡状蜂房的巢室，这些都是为食物存储和幼虫居住，还有照顾蜜蜂和蜂王，守护蜂巢。蜜蜂是一个多年生群体，将会不断地有新蜂王被抚养起来，老蜂王然后和一群工蜂离开蜂房到别的地方重建一个家。

　　从春季到秋末，在植物开花季节，蜜蜂天天忙碌不息。冬季是蜜蜂唯一的短暂休闲时期。但是，寒冷的天气、蜂巢内的低温，对蜜蜂是极为不利的，因为蜜蜂是变温动物，它的体温随着周围环境的温度改变。智慧不凡的小蜜蜂想出了特殊的办法抵御严寒。当巢内温度低到13℃时，它们在蜂巢内互相靠拢，结成球形团在一起，温度越低结团越紧，使蜂团的表面积缩小，密度增加，防止降温过多。据测量，在最冷的时候，蜂球内温度仍可维持在24℃左右。同时，它们还用多吃蜂蜜和加强运动来产生热量，以提

高蜂巢内的温度。天气寒冷时，蜂球外表温度比球心低，此时在蜂球表面的蜜蜂向球心钻，而球心的蜂则向外转移，它们就这样互相照顾，不断地反复交换位置，度过寒冬。

在越冬结球期间，它们是如何去取食存放在蜂房中的蜜糖的呢？聪明的小蜜蜂自有妙法。它们不需解散球体，各自爬出取食，而是通过互相传递的办法得到食料。这样可以保持球体内的温度不变或少变，以利于安全越冬。养蜂者用人为办法生产蜂王浆，实际上就是人工制作一些王台，放入蜂箱内，供蜂王产卵，待小幼虫孵出，工蜂们用蜂王浆饲喂时，养蜂人即将蜂王浆取出，这项技术其实是一种骗术，可见就连聪明的小蜜蜂也有受骗的时候。

熊蜂

中文名：熊蜂
英文名：bumblebee
分布区域：世界各地

熊蜂在世界大部分地区都有分布，在温带最常见。非洲大部分地区及印度的低洼地无熊蜂，澳大利亚和新西兰的熊蜂非本地产，系引入以帮助有花植物传粉。熊蜂体粗壮多毛，一般长 1.5~2.5 厘米。多为黑色，并带黄或橙色宽带。在地下筑巢，或找废弃鸟巢、鼠洞栖身。

熊蜂属于蜜蜂科中的熊蜂属，它长得有点像蜜蜂，尾部携带毒刺，在遇到危险时会用毒刺攻击对方，但是毒性不大。同时，熊蜂和蜜蜂一样是一种具有社会性的昆虫，中国的熊蜂不少于150种。在新疆和东北地区，熊蜂种类极为丰富，新疆有典型的草原荒漠种松熊蜂，大兴安岭和长白山区有典型的针叶林种薛状熊蜂和森林草原种乌苏黑熊蜂。在青海、西藏以及四川和云南的西北部山区，熊蜂种类亦丰，青藏高原有典型的高山种猛熊蜂，云南、四川有喜温的种类鸣熊蜂，但中国南方和西南方的平原上熊蜂很少。

熊蜂是益虫，对于农林作物、牧草、中草药以及野生植物的传粉有一定的作用，特别是对牧草的传粉效果显著。有些国家为了提高牧草的产量，已经开始人工繁殖熊蜂。熊蜂是自然环境的一种良好的指标动物，对于动物地理学和自然地理学的研究均有一定意义。

每巢熊蜂有一只蜂后、多只雄蜂和工蜂。拟熊蜂属为非社会性昆虫，但

将卵产在熊蜂属种类的巢内，由其工蜂照看。熊蜂属的蜂后在冬眠后产卵，第一窝一般发育成4~8只工蜂，它们羽化不久就替代蜂后去采花粉和照看蜂房。蜂后于是专门产卵。有些雄蜂虽系蜂后所产的未受精卵发育而成，但大部分系由工蜂产的卵孵化而来。初秋时蜂后停止产卵，雄蜂的比例增加，包括蜂后在内的群体逐渐消亡。此时某些蛾和甲虫的幼虫取食残留的卵和幼虫。未来的蜂后长成后飞离，交配，并寻一隐蔽处越冬。

胡蜂

中文名：胡蜂
英文名：paper wasp
别称：纸巢黄蜂
分布区域：世界各地

胡蜂是膜翅目胡蜂科胡蜂属昆虫的统称。广泛分布于全世界，令人望而生畏。长约16毫米，触角、翅和跗节呈橘黄色。体乌黑发亮，有黄条纹和成对的斑点。蜇人很痛，但毒性不如常见的大胡蜂和小胡蜂。蜂窝是纸做的，由蜂王收集的木浆制成。一个蜂窝内有100个幼虫室，用短柄连接在牢固的悬垂物上。

胡蜂是蜂家族具强螫针的蜂类。其体壁坚厚，光滑少毛。全世界约有1.5万种胡蜂，已知的有5000种以上。我国记载有200种。

胡蜂为捕食性蜂类。成虫体多呈黑、黄、棕三色相间，或为单一色。具大小不同的刻点或光滑。胡蜂的茸毛一般比较短。足很长。翅发达，飞得很快。静止时前翅纵折，覆盖在体背。胡蜂的口器发达，上颚很粗壮。雄蜂腹部有7节，无螫针。雌蜂腹部有6节，末端长有由产卵器形成的螫针，上连毒囊，分泌有毒液，毒性较强。蜂蛹为黄白色离蛹，颜色随着龄期加深。头、胸、腹分明，主要器官均明显可见。很多蜾蠃以蛹越冬。幼虫梭形，白色，无足。体分13节。蜾蠃类幼虫在亲代成蜂构筑的封闭巢内，凭借亲代贮存的被麻醉的昆虫为食。其他类胡蜂的幼虫则由成蜂饲喂嚼烂的其他类昆虫，胡

蜂幼虫吃过这些昆虫后能分泌一种成蜂喜食的液体。在幼虫消化道的中肠端部，由围食膜形成一个封闭囊，不与排泄孔相通。排泄物贮在此囊中，于体内呈游离状。化蛹以后，此囊干硬变黑，随着蜕皮一起蜕去。胡蜂的卵呈椭圆形，白色，比较光滑。每个巢室中都有1枚卵，其基部固定着一丝质柄，直到幼虫孵出。因此，蜂巢巢口虽然向下，但巢内幼虫并不脱巢落下。

胡蜂具有社会性。蜾蠃科的种类平时无巢，能够自由生活。产卵前，雌蜂会筑一泥室或选择合适的竹管，然后把卵产在里面，同时贮藏在捕来之后经螯刺麻醉的其他类昆虫的幼虫或蜘蛛。一室内产一卵，分别封口。化蛹和羽化成蜂以后，就会咬破巢口飞出。

胡蜂的习性很有规律。当气温达到12~13℃时，胡蜂就会出蛰活动；气温达到16~18℃时，胡蜂开始筑巢；秋后气温降至6~10℃时，胡蜂就开始越冬。春季中午气温升高时，胡蜂活动最为频繁；夏季中午炎热，胡蜂就会暂停活动。晚间归巢不动。有喜光习性。如果风力达到3级以上，胡蜂就会停止活动。胡蜂最适宜活动时的温度一般在60~70℃时，如果逢到雨天，胡蜂就会停止外出。在500米范围内，胡蜂能准确辨认方向，顺利返巢，但是超过500米，胡蜂就会迷途知返。

胡蜂常营巢而居。蜂群由蜂后、工蜂和雄蜂组成。前一年秋后与雄蜂交配受精的雌蜂，被称为蜂后。它们把精子贮存在贮精囊中，到本年分次使用。雄蜂在交配后不久即死亡。天渐冷时，受精雌蜂纷纷离巢寻觅墙缝、草垛等避风场所，抱团越冬。翌年春季，存活的雌蜂散团外出分别活动，自行寻找适宜场所建巢产卵。它们所产的受精卵形成雌蜂，未受精卵形成雄蜂。秋后，巢中的雄蜂为一年中最多的时期，约占总数的1/3。工蜂负责筑巢和饲育幼虫，由于工蜂的数量很多，蜂巢就会相应地逐渐扩大。

胡蜂对人类的贡献极大。我国河南、山西等省曾对采取人工辅助越冬、建巢、迁巢的方法，利用胡蜂防治棉花害虫，效果甚佳，而且比较经济实惠。人们在秋后把捕到的雌蜂放入笼内，将笼安置在避风场所，任其抱团，到来年春季，将这些雌蜂放入田间，任其在田间周围自然筑巢。也可以在大蜂棚内提供食物、饮水和建筑材料，令其在棚内建巢。必要的时候，蜂巢就可以移至田间，每亩3~5巢，有蜂100余只，这样基本上就控制了鳞翅目害虫的危害。胡蜂有归巢习性，所以放蜂一次长期有效。其食性广，可防治多种农林害虫，应受到人们的保护。

胡蜂以蜜蜂、柞蚕等为食，在果园地区，胡蜂常咬食果实造成减产。胡蜂的毒性很大，人如果受到蜂蜇，就会感觉非常疼痛，严重的还能够造成伤残或死亡。

被胡蜂蜇咬后，应该给予重视，并且进行相应的紧急处理，处理方法如下：轻度蜇伤，应该立即用碱水冲洗；中度蜇伤，可立即用手挤压被蜇伤部位，挤出毒液，这样可以大大减少红肿和过敏反应。或立即用食醋等弱酸性液体洗敷被蜇处，在伤口近心端要结扎止血带，每隔15分钟放松一次，结扎止血带的时间不应超过2小时，伤者应尽快到医院就诊。

蜘蛛鹰胡蜂

中文名：蜘蛛鹰胡蜂

英文名：Tarantula Hawk

别称：狼蛛鹰、沙漠蛛蜂、塔兰图拉毒蛛鹰黄蜂

分布区域：南亚、东南亚、非洲、大洋洲和美洲

蜘蛛鹰胡蜂属膜翅目，胡蜂科，是自然界中最大的胡蜂。从印度到东南亚，及非洲、澳洲和美洲地区，蜘蛛鹰胡蜂最为常见。蜘蛛鹰胡蜂体长可达50毫米，体色为深蓝色，翅膀为明亮的橙红色。蜘蛛鹰胡蜂喜欢独居，性情极其凶猛，它甚至会利用触角上的毒素去麻醉比自己还大的狼蛛，但是，蜘蛛鹰胡蜂很少攻击人类，几乎对人类没有什么威胁。

蜘蛛鹰胡蜂橙红色的翅膀异常明亮，这使得其他的掠食性动物非常警惕。蜘蛛鹰胡蜂在打斗时，会用长腿上的钩爪结束受害者的生命。一只雌性沙漠蛛蜂的刺可长达7毫米，它们的刺被评为世界上最厉害的刺之一。

蜘蛛鹰胡蜂一般不会主动攻击人类，但是如果被蛰伤，伤者就会感觉到奇痛无比。就像莱斯里·鲍伊尔所说的那样，"你甚至要强迫它们，它们才会叮咬你，不过叮咬的疼痛真是非同一般。"叮咬研究专家施密特称，被蜘蛛鹰胡蜂叮咬的疼痛度仅次于子弹蚁，"它叮咬人时就像被晴天霹雳击中了一样，人会禁不住尖叫甚至因极度痛苦而扭动或翻滚，仿佛体内每一丝肌肉都被它击中了，这种感觉是难以言表的。"

不同于其他动物的是，蜘蛛鹰胡蜂的毒液不是用来进行自身防御的，而

是用来毒倒狼蛛的。雌性蜘蛛鹰胡蜂会在已被毒昏的狼蛛上产下1枚卵蛋，那么，这只狼蛛就注定只有死路一条。慢慢地，蜘蛛鹰胡蜂卵就会孵化成幼虫，幼虫在生长过程中，就会把这只狼蛛吃掉。

马蜂

中文名：马蜂
英文名：hornet
别称：蚂蜂、黄蜂
分布区域：世界各地

马蜂又叫做蚂蜂、黄蜂，体型一般为中至大型，体表多数光滑，具各色花斑。上颚发达，咀嚼式口器，触角膝状，复眼很大，翅子狭长，静止时纵褶在一起。腹部一般不收缩呈腹柄状。马蜂有简单的社会组织，有蜂后、雄蜂和工蜂，常常营造一个纸质的吊钟形的或者层状的蜂巢，在上面集体生活。马蜂的成虫主要捕食鳞翅目的小虫，因此，马蜂也是一类重要的天敌昆虫。

马蜂有着很大的毒性。在其蜇针的毒液中，含有磷脂酶、透明质酸酶和一种被称为抗原5的蛋白。如果人被马蜂蜇伤，应及时处理。

马蜂喜食虫子。它一般不会主动向人类发起攻击，只有在受到攻击的时候才会蜇人，目前还没有一个较好的防治马蜂的方法，人们平时采取的办法只有火烧、喷药剂灭杀。万一碰到马蜂，最好马上蹲下来，用衣服把头包好，这样可以临时预防。

马蜂的蜇针是有毒液的，因此，被马蜂蜇伤后应该及时采取措施，具体方法如下：马蜂毒呈弱碱性，可用食醋或1%醋酸或无极膏擦洗伤处；马蜂蜇人后不会有毒刺留在身上；用冰块敷在蜇咬处，可以减轻疼痛和肿胀。如果疼痛剧烈可以服用一些止痛药物；如果有蔓延的趋势，可能有过敏反应，可以服

用一些抗过敏药物，如苯海拉明、扑而敏等；密切观察半小时左右，如果发现有呼吸困难、呼吸声音变粗、带有喘息声音，哪怕一点也要立即送往最近的医院急救。

虎头蜂

中文名：虎头峰
英文名：wasps
别称：鸡笼蜂
分布区域：世界各地

"虎头蜂"只是民间的称谓，并不是真正的学名，在昆虫中应属胡蜂类，因为虎头蜂的头大像老虎，凶猛的性情也像老虎，身体长有虎斑纹，所以人们就叫它们"虎头蜂"。又因为虎头蜂窝巢形状很大，像鸡笼一样，所以又叫"鸡笼蜂"。

虎头蜂栖息在平地至大约1500米以下的山区，有的虎头蜂把巢穴筑在树枝上，有的则在地窟内筑巢。小的蜂巢中有数千只虎头蜂，大的巢中多达数万只蜂。每年在4~5月，虎头蜂就开始产卵，6~7月，形成成蜂，10月，成蜂外出觅食，遇到食物缺乏时，同类中也会发生以大欺小、以强凌弱的现象。虎头蜂在冬季寒流过境以后，就不见了踪影。

虎头蜂的毒性存在两种方式：一种是蜂毒，人如果受到虎头蜂200次以上的叮咬，就会出现生命危险，叮咬最好的治疗方法就是冰敷，这可以解除大部分的疼痛。需要注意的是，虎头蜂的刺不能直接往后拉，否则会使毒液进一步注入人体，引起更大的伤害。

虎头蜂的毒性存在的另外一种方式是虎头蜂蛋白质，它会引起身体的过敏反应，从而造成血压下降休克，出现生命危险。一般而言，过敏体质

的人容易休克，所以在国外某些医师甚至建议，过敏体质的人上山前，应随身携带抗过敏抗消炎的药物或类固醇，一旦被叮就可以进行急救。如果人们能注意到这几点，就可以保护自己，避免受到虎头蜂的攻击，使伤害降到最低点。

为了准备冬眠所需要的食物，虎头蜂常在秋天大举出动，而容易误伤人类。虎头蜂不会主动攻击，所以避免虎头蜂叮咬攻击，要注意下列原则：

第一个原则就是远离虎头蜂，不要主动攻击虎头蜂，这样就不会遭到攻击。

第二个原则就是郊游时不要穿颜色鲜艳的衣服。颜色鲜明的衣服容易受到虎头蜂的侵袭。因此，上山前，应尽量穿颜色灰暗的衣服。

第三个原则就是不可以擦香水。如果使用了含有芳香味的洗发精或除汗剂，那就暂时不要上山，以防遭到虎头蜂的攻击。

第四个原则就是尽量穿长袖长裤的衣服上山，这样可以保护身体。尽量不要穿短裙短裤，要戴帽子，以避免遭到虎头蜂的攻击。

巴勒斯坦毒蝎

中文名：巴勒斯坦毒蝎

英文名：Palestinian scorpion

分布区域：以色列、远东

　　巴勒斯坦毒蝎与普通蝎子的体貌特征及生活习性基本无异。成蝎外形，好似琵琶，全身表面，都是高度几丁质的硬皮。成蝎体长约50~60毫米，身体分节明显，由头胸部及腹部组成，体黄褐色，腹面及附肢颜色较淡，后腹部第5节的颜色较深。蝎子雌雄异体，外形略有差异。头胸部，由6节组成，是梯形，背面复有头胸甲，其上密布颗粒状突起，背部中央有一对中眼，前端两侧各长有3个侧眼，6只附肢，第一对是能够助食的螯肢，第二对是长而粗的形似蟹螯的角须，具有捕食、触觉及防御功能，其余4对为步足。口位于腹面前腔的底部。

　　巴勒斯坦毒蝎的前腹部较宽，由7节组成。在其后腹部，是易弯曲的狭长部分，由5个体节及1个尾刺组成。第一节长有覆盖着生殖孔的生殖厣。雌蝎能够从生殖孔娩出仔蝎，雄蝎可从生殖孔中产出精棒，与母蝎殖孔相交。雄蝎体内只有2根精棒，一生只能交配2次。雌蝎交配1次，可连续生育4年，直到寿命结束。巴勒斯坦毒蝎卵胎生，受精卵在母体内完成胚胎发育。气温达到30~38℃时就会产仔。巴勒斯坦毒蝎的寿命一般为5~8年。

　　巴勒斯坦毒蝎是地球上毒性最强的蝎子，在毒王榜上排名第五。巴勒斯坦毒蝎生活在以色列和远东的其他一些地方。它的长螯的末端是带有毒液的

蜇针，其毒牙能够穿透人类的指甲。趁你不注意刺你一下，蜇针释放出来的强大毒液会让你极度疼痛、抽搐、瘫痪，甚至心跳停止或呼吸衰竭。与多数过着宁静生活的蜘蛛不同，这种小家伙极具侵略性，一旦受到打扰就会举起后腿，并不断咬受害者。

悉尼漏斗网蜘蛛

中文名：悉尼漏斗网蜘蛛

英文名：Sydney Funnel Web Spider

分布区域：澳大利亚东海岸地区

悉尼漏斗网蜘蛛原产于澳洲东岸，成体体长可达6~8厘米，尖牙长达1.3厘米。悉尼漏斗网蜘蛛发起袭击时，毒牙会向下猛刺，就像匕首一样，因此漏斗网蜘蛛要昂首立起，才能露出毒牙向下猛咬。

悉尼漏斗网蜘蛛是一种黑得发亮的巨毒蜘蛛。所有的蜘蛛都有毒性，只是毒性大小不同。

美国有名的黑寡妇蜘蛛、隐士蜘蛛，以及西北部的太平洋海岸的流浪汉蜘蛛，都没有悉尼漏斗网蜘蛛毒性剧烈。更可怕的是，悉尼漏斗网蜘蛛经常在城市里出现。

悉尼漏斗网蜘蛛是世界上攻击性最强的蜘蛛，它能在1个小时内杀死一名成年人。

悉尼漏斗网蜘蛛的尖牙能够释放毒液，这对尖牙强劲有力、足以穿透皮靴。蜇咬后数分钟内，毒液就会迅速蔓延全身，会产生痉挛性的瘫痪。患者会肌肉痉挛，有时极为剧烈，最后患者会陷入昏迷状态。毒素会侵袭呼吸中枢，患者最终将窒息而死。

有实验证明，悉尼漏斗网蜘蛛的毒液对灵长目及狗具毒性，对兔子则无毒性。它的毒液会引起神经细胞膜电位的改变，使自主神经系统因而分泌大

量的乙醯胆碱、肾上腺素、正肾上腺素。雄蜘蛛的毒性约为雌蜘蛛的4倍，其原因可能是雄蜘蛛在生殖季节需离巢寻找交配对象，而雌蜘蛛不需要。由于蜘蛛离巢时失去蛛网保护极易受到攻击，所以在这种压力下演化出较强的毒性。

悉尼漏斗网蜘蛛咬伤的症状视蜘蛛是否释入大量毒素而定。在局部会有剧痛、伤处红肿、毛发直立、流汗；而全身性症状包括反胃、呕吐、腹痛、腹泻、出汗、流延（10分钟内）、流泪、肌肉紧绷、呼吸困难、肺水肿、心跳加速、心律不整、发烧等不良症状，而肺积水所引起的呼吸困难为主要的死因。

几十年来，澳洲人对这种巨毒蜘蛛的恐惧始终不减，经过研究，人们终于制造出了一种抗毒剂，拯救了数百条人命。

君主斑蝶

中文名：君主斑蝶

英文名：Monarch butterfly

别称：大桦斑蝶、黑脉桦斑蝶、帝王蝶等

分布区域：北美洲、南美洲及西南太平洋

君主斑蝶也叫黑脉金斑蝶、帝王蝶，是美国的"国蝶"。君主斑蝶为大型美丽的蝴蝶，常成为其他科蝴蝶模仿的对象。一般为黄、红、黑、灰或白色，有的有闪光。头大，触角细。前足退化，折叠在胸下，无爪。翅的外缘圆形或波状，中室长而封闭。前翅有5条经脉，后翅肩脉比较发达，没有尾突。雄蝶前翅上或后翅臀区有香鳞。卵炮弹形或椭圆形，直立。幼虫体上多有皱纹，在君主斑蝶的胸部和腹部，各有1~2对长线状突起，能够散发出臭气以御敌。蛹为垂蛹，体上布有金色或银色斑点。在君主斑蝶红色的双翅上，还布有一些黑色的管状血脉，周围则镶嵌着两圈白环，有的则在褐色的翅中带有微红，镶着黑边。其幼虫以有毒植物马利筋为食，是一种食毒以防身的特殊物种。

虽然君主斑蝶是吃乳草的，但是不同种类、不同植物或不同部位的乳草有不同的卡烯内酯含量，这也反映在其体内毒素的含量。所以君主斑蝶未必一定是不可吃的，而是贝特斯氏拟态或自动拟态。一些君主斑蝶的掠食者懂得量度它们的毒素，并吐出高卡烯内酯含量的昆虫。

在君主斑蝶的腹部及翅膀，积聚着卡烯内酯。一些鸟类掠食者也会把君

主斑蝶的这些部位撕开，吃尽其余的部分。如褐噪鸫、白头翁、美洲鸫、美洲雀科、麻雀、丛鸦属及蓝头松鸦等。在北美洲，异色瓢虫的幼虫或成虫就是黑脉金斑蝶的卵或初出生的幼虫。

　　虽然君主斑蝶不仅具有纤巧美妙的身躯和神奇的雍容仪态，而且能够像候鸟一样，随着季节的变换而进行长途迁徙，真可谓蝴蝶家族中的佼佼者。它宛如一个"长途飞行家"，每当冬天来临前，便纷纷结群，从寒冷的北美洲北部的加拿大出发，飞到中美洲去过冬，整个旅程可长达4500千米左右。翌年春天，它们又成群结队，飞向北方，历时几个月。它们通常在长满一种叫做"马利筋"的植物的田野里停下来，把卵产在马利筋植物上。幼虫在经过4次蜕皮之后化为蛹。过几个星期，蛹变得通体透明，里面的翅清晰可见。最后破蛹而出，羽化为成虫。

　　每当君主斑蝶迁飞时，就像一支浩浩荡荡的旅行队伍，很有组织地向一定方向行进，如行云一般，遮天蔽日。有人曾测算过它们的数量，竟达300多亿只！

　　在途中，雄君主斑蝶总是以护卫和导游的身份，在雌君主斑蝶的周围形

成一道屏障。它们黎明起飞，日行夜宿，从不偷懒苟息，不畏长途艰险，敢于飞越高山大洋。尽管有时行进中的队伍受高空强风吹袭时聚时散，有的落伍，有的死去，但终不改其志，仍继续保持强大的阵容，向着既定的目的地飞去，高山、大河、沙漠、海洋都无可奈何。千百万只君主斑蝶在碧空长天中，与飞云竞驰，和流霞争艳，远远望去，蔚为奇观。因此，人们把它誉为"彩蝶王"。

据说，最早发现蝴蝶进行长距离迁徙的人是航海家哥伦布。他在环球旅行的途中，曾见到成千上万只蝴蝶结队飞行。不可思议的是，这些迁飞的蝴蝶个个目标明确，直飞往目的地，从不开小差，并且每年定期在固定的两地之间迁飞，不会错走他乡。对于这个难解之谜，现在已经有了多种科学的解释。

有的科学家经过观察认为，君主斑蝶在迁飞时使用了先进而节能的"喷气发动机原理"。通过对高速摄影机摄下的君主斑蝶迁飞的情况进行研究，他们惊奇地发现，这些君主斑蝶在飞行过程中竟有1/3的时间双翅紧紧贴合在一起。它们巧妙地利用翅膀的张合，使前面一对翅形成一个空气收集器，后面一对翅则形成一个漏斗状的喷气通道。君主斑蝶在每次扇翅时，喷气通道的大小，进气口与出气口的形状和长度，以及收缩程度都在有序地变化着。由于翅不断地扇动，君主斑蝶两翅之间的空气从前向后挤压出去，形成了一股强烈的喷气气流。一部分喷气气流的能量用以维持飞行的高度，另一部分喷气气流所产生的水平推力则用来加速。

马陆

中文名: 马陆

英文名: Prospirobolus

别称: 千足虫

分布区域: 世界各地

　　马陆, 也叫千足虫, 隶属于节肢动物门多足纲倍足亚纲。马陆约有1万种, 生活于腐烂植物上并以其为食, 有的也危害植物, 少数为掠食性或食腐肉。特征为体节两两愈合 (双体节), 除头节无足, 头节后的3个体节每节有1对足, 其他体节每节有足2对, 足的总数可多至200对。除头4节外, 每对双体节含2对内部器官、2对神经节和2对心动脉。头节含触角、单眼及大、小腭各1对。不同种马陆体节数各异, 从11节到100多节。除一个目外, 所有马陆均有钙质背板。自卫时马陆并不咬噬, 多将身体蜷曲, 头卷在里面, 外骨骼在外侧。许多种可具侧腺, 会分泌一种刺激性的毒液或毒气以防御敌害。

　　马陆喜欢阴湿的地方。一般栖息在草坪土表, 土块、方块下面或土缝内, 它白天潜伏, 夜里活动。马陆受到触碰时, 能够把身体蜷曲成圆环形, 呈 "假死状态", 间隔一段时间后, 会复原活动。马陆一般危害植物的幼根及幼嫩的小苗和嫩茎、嫩叶。马陆的卵产在草坪土表, 卵成堆产, 卵外有一层透明的黏性物质。马陆每次可产卵300粒左右。在适宜的温度下, 卵经过20天左右就能孵化为幼体, 数月后能够成熟。马陆1年繁殖1次, 一般寿命为1年。

　　土壤动物在生态系统物质循环中起着重要的分解作用, 马陆就是其中常见的类群, 它们以凋落物、朽木等植物残体为食, 是生态系统物质分解的最

初加工者之一。对大型土壤动物的饲养研究在国内外均有报道，但对马陆所做的研究在国内尚未见到。通过对马陆的生态分布及摄食量等研究，可以探讨并揭示该类群在森林生态系统物质分解过程中的功能。

奇特的千足虫马陆并非生下来就有这么多足。刚出生的千足虫马陆幼虫只有7节，经历1次蜕皮就能够增至11节，有7对足；2次蜕皮后，就可以增至15节，有15对足；经过几次变态发育后，体节逐渐增多，足也就随之增加，成为出名的"千足虫"。

当然，动物界中还有许多种类的马陆。有的马陆长得娇小，仅有2毫米长。在北美巴拿马山谷里，还生活着一种大马陆，全身有175节，共有690只足，可以说是世界上足最多的节肢动物了。

马陆行走时左右两侧足同时行动，前、后足依次前进，成波浪式运动，很有节奏。不过，虽然它的足很多，行动却很迟缓。

马陆虽然没有毒颚，不会蜇人，但是它也有防御的武器和本领。当马陆受到触动时就会立即蜷缩成一团，静止不动，或者顺势滚到别处，等危险过后才慢慢伸展开来爬走。马陆体节上有臭腺，能分泌一种有毒臭液，气味难闻，使家禽和鸟类都不敢啄它。

芫菁

中文名：芫菁
英文名：cantharides
别称：斑蝥
分布区域：世界各地

在中海拔以下山区林缘的植物叶面，常有芫菁成虫栖息，它们常成群啃食蕨类植物。其体长为14~27毫米，体背呈黑色；头部为橙红色；翅鞘末端长有灰白色长毛；多数芫菁的触角呈鞭状；翅鞘薄且软，不具有光泽。

芫菁是剧毒动物，有很强的肾毒性。 实验显示：小鼠注射芫菁素7.5~10毫克，连用10天后，即可导致心肌纤维、肝细胞和肾小管上皮细胞混浊肿胀，肺脾淤血或小灶性出血。其对皮肤黏膜及胃肠道均有较强的刺激作用，吸收后由肾脏排泄，可刺激尿道，出现肾炎及膀胱炎症状，甚至会导致急性肾功能衰竭。而成人口服0.6克就能导致中毒，口服1.5克，就能导致死亡。

芫菁的幼虫会趁雌蜂产卵时偷渡到蜂卵上，定居在蜂卵上的芫菁幼虫把蜂卵里的卵汁吸光，幼虫经过第一次蜕皮后二龄幼虫就抛弃花蜂的卵皮浮在蜂蜜上，把蜂蜜吃尽，吃饱了的二龄幼虫已经能够站立起来，并且会排出红色的粪便。

芫菁的三龄幼虫与普通的蛹一样会保持不动，有些人把它叫做拟蛹。拟蛹在壳内沉睡了很久之后，就会像气球一样膨胀起来，蜕壳后出现的第四龄幼虫外型和第二龄幼虫一样。第四龄幼虫蜕变为蛹，在变为成虫之前会进入

昏睡状态。芫菁成虫破壳而出后在花蜂小房间的土盖上开洞，然后钻出地面开始生活。

在地上或土中，人们经常会发现一些种类的雌虫的卵块。三爪幼虫以蝗卵为食，经过几次蜕皮后，以假蛹越冬，再经过几次幼虫阶段，最后才能化为真蛹，蜕变为成虫。人们有时把地胆亚科的种类称为油芫菁，它们与多数芫菁不同，无后翅，左右鞘翅也不在背中线相对，鞘翅很短并部分重叠；能分泌一种散发恶臭的油质，有防御敌害的作用。有几种雄虫的触角呈铗状，交配时能够握住雌虫。这在欧洲及北美较为常见。

隐翅虫

中文名：隐翅虫
英文名：Paederus
别称：影子虫
分布区域：全世界

隐翅虫，又被称为"影子虫"，属昆虫纲，鞘翅目，隐翅虫科，因翅膀不可见而得名。在自然界中，约有250多种隐翅虫，其中，毒隐翅虫因体内有毒液而对人有威胁。

隐翅虫常见于腐烂动植物周围，以食腐为生。多数细长，体小，一般不到3毫米，最大不超过2.5厘米。鞘翅短而厚，后翅发达，起飞时能迅速从鞘翅下展开，飞行后靠腹部和足的帮助叠好，重新藏在鞘翅下面。受惊时，举起腹端，向敌害射出难闻的雾液。幼虫无翅，形似成虫。有些大型种类的隐翅虫体色呈美丽的黑色和黄色，像胡蜂。有的外形和行为就像兵蚁生活在蚁或白蚁巢内。它们能够分泌出一种液体供蚁吃，而蚁会对它们进行喂养，以回报它们。

毒隐翅虫，俗称"青腰虫"，体长0.6~0.8厘米，类似飞蚂蚁，停止飞行时翅膀收回，尾部能够上下扭动，且具有趋光性，白天，毒隐翅虫栖息在杂草石下，夜间出来活动，夏秋两季最常见，喜欢围绕日光灯飞行。毒隐翅虫体外没有毒腺，不会蜇人，但是其体内有毒液（强酸性毒汁），被打死后毒液就会流出，能够引起急性皮肤炎症，痊愈后伤口颜色与周围皮肤会有差异。

人体皮肤在接触少量毒液后（如隐翅虫从皮肤上爬过），往往会出现点状、

片状或条索状红斑，随后中央变为灰褐色坏死。如果受伤面积不大，只会有轻微痒痛感；如果受伤面积较大（如多处皮肤被隐翅虫爬过），就会出现强烈痒痛感，还可能伴有淋巴结肿大、发烧等症状。

如果人体皮肤接触大量毒液（如毒液流到皮肤上），受伤部位就会产生水泡，周围皮肤出现红肿，水泡与红肿间呈原肤色的圈装部分。水泡可以用棉签挤破，然后用盐水洗净，但是不久就会重新出现水泡。水泡自然消失后，患处会隆起，中间原水泡处凹陷，像火山口，但是一般的火山口是圆形的，而皮肤上的患处则呈线状。患处隆起部位皮肤组织会全部坏死，形成深咖啡色疤，在疤下长出新皮肤，但是新皮肤颜色很淡，与周围皮肤有一定差异，导致痊愈后，患处像被刀割伤后痊愈的样子。所以，留下的疤痕对皮肤的影响最大。

人体若被隐翅虫爬过后，一定要保持患处清洁，一般能够自动痊愈。但是，为了加速痊愈，防止人体皮肤感染，减小痒痛感，患者应立即就医。一般医生会开一些外用药涂抹在患者的伤处，两个星期后患者就能痊愈。

第四章

毒绝天下的低等动物

在地球上存在的动物中，低等动物占90%以上。有的低等动物身体柔软，有的则长有起保护作用的外壳。低等动物包括海绵动物、腔肠动物、棘皮动物、昆虫等20个动物门。其中除了昆虫以外的动物门中，大多数种类生活在海洋中，例如海星、海胆等。低等动物在进化过程中，其身体结构发生了很大变化，经历了从低等到高等、从简单到复杂的演变过程。在这个演变过程中，一些低等动物如澳洲方水母具有了极强的毒性。

水母

中文名：水母
英文名：Jellyfish
别称：果冻鱼
分布区域：全世界

在海底世界里，有一种看起来柔软无比，而且晶莹剔透、色彩斑斓的生物。它的美丽多彩为海洋增添了一种祥和的气氛，这就是水母。

水母在水生动物中最为漂亮。它虽然无脊椎，但身体却异常庞大，主要靠水的浮力支撑身体。水母身体含水量多达98%，它进食、消化、排泄都必须在水中才能完成。没有水，水母的身体就会变小，并且变得很难看。水母的出现比恐龙还早，6.5亿年前，它就漂浮在海洋里了。水母的种类很多，全世界大约有250种，常见于各地的海洋中。

水母是雌雄异体的动物，生殖腺长在近胃囊处。成熟的精子流入雌水母体内受精。受精卵在发育成幼虫后就会离开母体。水母在水里游动一会儿后，就沉入海底形成幼体，后来变成横裂体，横裂体分裂成多个碟状幼体，再发育成水母成体。

水母类似透明伞，伞状体直径有大有小，大水母的伞状体直径能够达2米。伞状体边缘长有一些须状条带，这种条带就是触手。水母在水中浮动时，就会向四周伸出长长的触手。在触手中间的细柄上，长有一个小球，里面有一粒小小的"听石"，这是水母的"耳朵"。科学家们曾经模拟水母的声波发

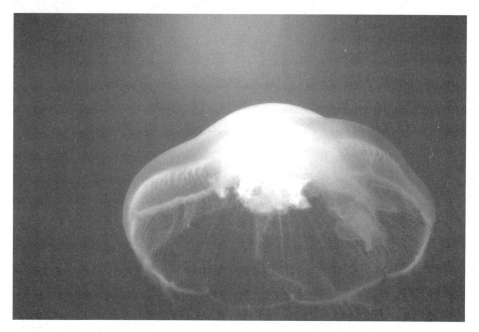

送器官进行实验，结果发现，在海洋风暴到来15个小时之前，就能够测知风暴的讯息。

有些水母的伞状体具有各色花纹。在蓝色的海洋里，这些颜色各异的水母显得异常美丽。水母虽然长相美丽温顺，却十分凶猛。在伞状体的下面，那些细长的触手既是它的消化器官，也是它的武器。在触手的上面布满了刺细胞，像毒丝一样，能够射出毒液，猎物被刺以后，会迅速麻痹而死。触手就紧紧抓住这些猎物，缩回来，用伞状体下面的息肉吸住，因为每一个息肉都能够分泌出酵素，所以，猎物体内的蛋白质能够很快分解。

然而孩子们并不知道这些，他们经常拿着冲上海滩的水母扔来扔去。这些水母摸上去感觉就像摸到冰凉的雪球一样，但是它会让人感到皮肤麻痹，这种麻痹感正是来自于水母身上的特殊刺细胞，水母就是利用它们来麻醉食物防御敌人的。

如果说水母是食肉动物，你肯定不会相信，但它的确有获取食物的特异功能。在它的触手和身体各部分，长有许多刺细胞。刺细胞除有细胞质和细胞核外，还有一个刺丝囊。在刺丝囊内部，长有感应绒毛，一个盖子，一个

刺丝囊胞。当其他生物碰到水母时，刺丝囊胞就像鱼叉一样飞出，钉向敌人，一切都在瞬间完成。当"箭"从刺丝囊中射出时，具有腐蚀性的毒液就会释放出来，小猎物中毒晕倒，只好束手待毙。因此我们通常把水母称为"海洋中美丽温柔的杀手"。

在海洋中，水母扮演着非常重要的角色。大多数小水母都以浮游生物等为食。大点儿的水母选择鱼类或者其他被它们用刺细胞毒晕或者杀死的小动物。威猛而致命的水母也有天敌，一种海龟就可以在水母的群体中自由穿梭，并且能轻而易举地用嘴扯断它们的触手，使它们只能上下翻滚，最后失去抵抗能力，成为海龟的一顿美餐。

虽然水母的带刺细胞会使人受到威胁，但是当我们被水母包围的时候，只需要戴上手套就可以了。我们不应该害怕它们，相反，应该爱护它们，欣赏它们的美丽。

芋螺

中文名：芋螺

英文名：Conus

别称：鸡心螺

分布区域：暖带海域巴西

    这里是澳大利亚的一处海域，周围漆黑，灯光照亮了一片凹凸不平的浅色海底，上面连一丝海藻或珊瑚都没有，看上去更像是了无生趣的荒漠戈壁。而在这样粗砺恶劣的环境中，正在上演一幕刺杀的场景。

    刺客就是那色彩鲜艳，看上去温和无害的芋螺。说芋螺彪悍，一点也不夸张。看旁边这条鱼，鱼鳍停止了摆动，身子斜斜地倒在一旁，不复往日的神采。就在刚才，生性好玩的它无视海洋中潜伏的种种危险，四处游荡，被海底中一抹鲜艳的颜色所吸引来到这里，在芋螺的身边来回转悠，等待猎物自动送上门的芋螺抓住机会，它那根伸出体外的长鼻上有极微小的探测器，觉察到鱼的行动后，在瞬间释放出箭一般的齿舌。芋螺的体内，装备了一套专门的发射系统，齿舌就是在液压作用下被发射出来，速度极快，力道之大足以穿透一层厚厚的布。小鱼被刺中以后，50毫秒以内便会失去行动能力，随后，毒素继续入侵它的神经，小鱼生命迹象逐渐丧失，一场闪电战就此结束。芋螺的攻击时间很短，即使用千帧每秒的高速摄像机也难以清晰记录这一过程。

    人们常常在芋螺美丽外形的诱惑下伸出手捡拾，而这是相当危险的举动，

它们的毒液不仅对鱼虾有效，一部分芋螺毒素也会伤害人类，少量的芋螺毒素会给人灼伤的痛感，而一定剂量以后，神经间的信号传递被阻断，人在失去知觉的情况下便会死亡，最快的致死时间只有4秒钟。

芋螺的毒液中含有200多种毒素，不同种类的芋螺施毒能力也有所不同，即便同一枚芋螺，也可以任意改变毒液中的毒素组合。迄今为止，已经发生过数十起因捡拾芋螺而丧命的事件，这一现象引起了科学家的关注，并从芋螺毒素中提取出一种新的镇痛剂，镇痛效果极佳。

海胆

中文名：海胆
英文名：sea urchin
分布区域：印度洋、太平洋

在浩瀚无垠的大海深处，有很多奇异的海洋动物徜徉其中。因海洋与陆地有着截然不同的生活环境，大海给海洋生物提供了广阔的生活空间，所以这些动物身上常常具有许多特殊的功能。

海胆就是一种外形奇特的海洋动物，它个头不大，体型呈圆球状，直径约20厘米，犹如一个长满硬刺的紫色仙人球，有"海中刺客"的雅号。海胆的外壳由20块石灰质板片相连构成，以此来保护它内层薄薄的皮肤。管足从板片上的一些小孔伸出，其末端带有吸盘。通过向孔内压水，便可以使海胆沿垂直表面向上攀升。

在体型各异、形态多样的海胆中，有一种个头最大的"超级海胆"。它的外壳上长着约20厘米的针刺，这些针刺依靠与板片的连接而活动自如。海胆不但可以靠这些针刺行走，更重要的是可以借助它们防身。

在海胆身上的针刺之间分布着一些类似于钳子的器官。它们可以靠这些"小钳子"轻松地除去针刺之间的一切障碍物。

海胆与丛林中的刺猬也有很多相似之处，所以渔民常把海胆称为"龙宫刺猬"、"海底树球"。但是，在海胆身上也常常寄居着如甲壳类、海参类以及蠕虫等许多软体动物。它们成了海胆的不速之客，然而却能与海胆和平相处，

过着安逸的生活。

　　海胆具有背光和昼伏夜出的习性，靠针刺防御敌害。当发现猎物或遭到攻击时，海胆便用针刺把毒液注入到对方体内。所以，人或动物都容易受到海胆的伤害。海胆的针刺排列呈螺旋状，并且在刺尖上生有倒钩。一旦海胆的刺进入人体，便很难将其取出，同时，毒液发挥了作用，致使伤者的伤情加重。当海胆与敌人作战时，它精力高度集中，常常运用灵活敏捷的针刺给敌人造成致命伤害。海胆的针刺极为敏感，即使是某个东西的影子落到身上，针刺也会马上行动起来，进入紧张的备战状态。当海胆攻击敌手时，它就会将几根针刺紧靠在一起组成尖利的"矛"，以便发出惊人的威力。

澳洲方水母

中文名：澳洲方水母

英文名：box jellyfish

别称：箱水母

分布区域：热带海域

如果你看到被冲到海滩的水母，千万不要以为它已失去了攻击能力，只要它是湿的，就会"蜇"人，如果被它蜇到了，后果小到皮肤红肿，大到致命！澳洲方水母是世界上最危险的水母，它的毒性比眼镜蛇毒（5分钟内杀死一个人）还要厉害。虽然澳洲方水母非常可怕，但它一样有天敌。最为典型的天敌是海洋中的太阳鱼和海龟。

澳洲方水母的身体两侧，各长有两只原始的眼睛，能够感受光线的变化。澳洲方水母身后拖着60多条带状触须。这些触须能伸展到3米以外。在每根触须上，都密密麻麻地排列着囊状物，每个囊状物又都有一个肉眼看不见的、盛满毒液的空心"毒针"。一个成年的方水母，触须上都有数十亿个毒囊和毒针，足够用来杀死20人，可见毒性之大。在它的触须上还有感受器，能识别鱼虾或人的表皮上的蛋白质。当方水母发现猎物时，它就快速漂过去，用触须把猎物牢牢缠住，并立即用毒针喷射毒液。毒液一旦喷射到人身上，皮肤上就会立即出现许多条鲜红的伤痕，毒液很快就侵入到人的心脏，只需2~3分钟就会致人死亡，连抢救的时间都没有。

澳洲方水母栖息在澳大利亚沿海一带，在昆士兰海岸的浅海水域，人们

常常可以看到漂浮的澳洲方水母。成年的方水母呈蘑菇状，有足球大小，近乎透明。风平浪静时，澳洲方水母就会游向海滨浴场。天气炎热时，澳洲方水母就潜入深水处，只有在早晨和傍晚，它们才上浮到水面。如果有人碰到方水母身上的微小细胞，可能会很快死亡。在澳大利亚昆士兰州沿海，几十年来因方水母中毒而身亡的人数约有60人，而死于鲨鱼之腹的只有13人。

海葵

中文名：海葵
英文名：sea anemone
分布区域：世界各大洋

　　海葵属于珊瑚虫纲。常见的有绿海葵、黄海葵、红海葵和橙海葵等。海葵身体呈圆柱形，体表坚韧。身体的上端有一个平的口盘，周围有许多中空的触手。身体下端是一个基盘，能够紧紧地固定在海中的物体上。海葵在水中不受惊扰时，触手伸张得像葵花，所以叫做海葵。若受惊扰时，整个口盘可以全部缩入消化腔中。海葵的基盘在物体上附着得很紧，用力把它从附着物上取下来时，它身体基部的一部分仍会留在附着物上。体色多种，常见的有淡黄色、淡褐色、绿色、红色、蓝色、灰色、橙色和白色，十分鲜艳美丽。

　　海葵属于杂食性动物，食物包括软体动物、甲壳类及其他无脊椎动物。这些动物被海葵的刺丝麻痹之后，就会被触手捕捉然后送入口中。在消化腔中由分泌的消化酶进行消化，养料由消化腔中的内胚层细胞吸收，不能消化的食物残渣由口排出。

　　许多海洋生物对海葵的触手敬而远之。因为在海葵触手的尖端长有一个毒囊，里面有许多带尖的线，如果遇到猎物，其中一根线就会向前将皮刺破，使毒液流出。

　　海葵不像其他动物那样能够自由活动，它需要为自己寻找一双"腿"。拥有坚硬外壳的寄居蟹显然是它很好的合作者。由于寄居蟹喜好在海中四处游

荡，使得原本不移动的海葵随着寄居蟹的走动，扩大了觅食的领域。海葵会将捕捉的小动物慷慨地分一部分给寄居蟹，同时海葵分泌的毒液，可杀死寄居蟹的天敌，因此保障了寄居蟹的安全。这样海葵和寄居蟹双方都得到好处。

其实，除了与寄居蟹互利共生之外，海葵还经常与一种小丑鱼共同生活。当海葵依附在岩礁上动弹不得时，这种红身白纹的小丑鱼会在漂亮的触手处游动，以引诱其他的小鱼上钩。海葵在捕捉到猎物，饱餐之后，小丑鱼就可以捡食一些残渣。此外，小丑鱼遇到敌人攻击时，就迅速逃到海葵的触手间躲避。

海葵与寄居蟹及小丑鱼之间既相互依存，又相对独立，这就是生物界特有的共生关系。

蓝环章鱼

中文名：蓝环章鱼

英文名：Blue Ringed Octopus

分布区域：日本和澳大利亚之间的太平洋海域中

在所有的海洋生物中，要数蓝环章鱼最毒，它体内的毒液能够在数分钟内置人于死地。目前医学上仍没有能够解毒的方法。人们被章鱼蜇刺后几乎无疼痛感，1小时后，毒性才开始发作。幸运的是，蓝环章鱼并不好斗，它很少向人类主动发起进攻。如果遇到危险，蓝环章鱼会发出耀眼的蓝光，向对方以示警告。

蓝环章鱼尽管体型相当小，但一只毒液，足以使10个人丧生，严重者被咬后几分钟就毙命，而且目前还没有有效的抗毒素来预防它。章鱼的毒液能阻止血凝，使伤者的伤口大量出血，且感觉刺痛，最后全身发烧，呼吸困难，重者致死，轻者也需治疗3~4周才能恢复健康。

蓝环章鱼对人类的危害极大。据报道，因被蓝环章鱼咬伤而毙命的事例时有发生。在澳大利亚，一位潜水者抓到一只小的蓝环章鱼，觉得很好玩，就让它顺着胳膊爬到肩上，最后爬到了颈部背面，在那里停留了几分钟，不知出于什么原因，它突然朝潜水员颈部狠狠地咬了一口，血很快流了出来，没过几分钟，受害者感觉像是病了，两小时后不幸身亡。

蓝环章鱼的毒素是一种毒性很强的神经毒素，它对具有神经系统的生物是非常致命的，其中包括我们人类。当生物被章鱼攻击后，毒素在被攻击对

象体内干扰其自身的神经系统，造成神经系统紊乱，这种神经系统的紊乱往往是致命的。在毒素注射到生物体内时，有毒分子会迅速扩散，毒素会破坏生物体的生命系统，每一个有毒分子都在寻找生物体内的神经细胞之间的连接的地方，在那里，它们会拦截指挥肢体运动的特定化学物质传递信息，神经系统由此被破坏，被攻击对象的整个神经系统就会瘫痪，虽然还活着，却已经没有反抗能力，只能任凭蓝环章鱼摆布。蓝环章鱼的毒素在人体内能侵害所有受人脑支配的肌肉，受到攻击的人虽然神志清醒，却不能交流，不能呼吸。如果不做人工呼吸的话，他会渐渐窒息。

　　蓝环章鱼分泌的毒素中含有多种物质，如河豚毒素、血清素、透明质酸酶、胺基对乙酚、组织胺、色胺酸、羟苯乙醇胺等。目前已确认，蓝环章鱼的毒素是河豚毒素，这种毒素也可以在河豚和芋螺的体内找到。河豚毒素对中枢神经和神经末梢有麻痹作用，会阻断肌肉的钠通道，使肌肉瘫痪，并导致呼吸停止或心跳停止。河豚毒素的毒性较氰化钠大1万倍，0.5毫克即可致人中毒死亡。河豚毒素毒性很稳定，加热和盐腌都不能破坏其毒性。在蓝环章鱼的唾液腺中存在毒素，然而，它的毒素不是由自身分泌的，而是由唾液腺中的病毒粒子引起的。在自然界中，病毒粒子是不能独立存活的，它寄生在章鱼的唾液腺里，当章鱼攻击其他生物时，病毒粒子进入到生物体内，而发挥它的毒性作用。

蓝环章鱼自身的颜色变化能够显示出它的毒性。蓝环章鱼的皮肤含有颜色细胞，能够随意改变自身的颜色，还可以通过收缩或伸展，改变不同颜色细胞的大小，蓝环章鱼的整个模样就会改变。因此当蓝环章鱼在不同的环境中移动时，它可以使用与环境色相同的保护色。如果它受到威胁，它们身上的蓝色环就会闪烁，它的名字也因此而来。

蓝环章鱼的蓝色环上有颜色细胞，上面密布着反射光形成的灿烂的水晶。蓝环章鱼就利用这些独一无二的蓝环，向其他生物昭示，自己拥有强大的致命武器。

火焰乌贼

中文名：火焰乌贼

英文名：Flamboyant cuttlefish

别称：火焰墨鱼、火焰鱿鱼

分布区域：印度尼西亚、新几内亚、马来西亚与澳洲北部热带海域

    火焰乌贼长有椭圆形的外套膜，腕臂呈刀锋形，粗短、扁平，分布着四排吸盘。第一对腕足比其他的腕足略短。在火焰乌贼的左腹侧，有一只较粗大的腕足，是生殖用的交接腕，腕上有用来传递贮精囊的深沟。在外套膜的

背侧与腹侧表面，以及头部、眼睛上方有许多突起的鳍状物，这些鳍可以帮助火焰乌贼在海底前进。迄今为止，火焰乌贼是人们知道的唯一能够在海床以腕足和鳍行走的乌贼动物。因为乌贼骨很小，火焰乌贼几乎无法在水中进行长途游泳。

火焰乌贼喜欢在海水底部的泥沙区域栖息，分布深度为3~86米。它是日行性动物，以捕食鱼类和甲壳类生物为生。火焰乌贼原本的体色是深褐色，如果遭到骚扰，就会在体表、触手和头部快速闪烁着黑色、深褐色、白色与黄色的斑纹。发动攻击前的瞬间，它的触手前端会显现明亮的红色。火焰乌贼靠接近腹部的一对触手在海床表面行走，这是它们主要的移动方式。

目前已知的火焰乌贼标本，最大的外套膜长8厘米，体型在6厘米以下。火焰乌贼的乌贼骨呈长斜方形，带有微黄色光泽，占外套膜长度的2/3左右，两端削尖，中段微微鼓起。和大多数的乌贼不一样，火焰乌贼的外套膜并没有乌贼骨突出所形成的锥。

箱形水母

中文名：箱形水母

英文名：Box Jellyfish

别称：海黄蜂

分布区域：澳大利亚

　　箱形水母是一种海洋生物，体色淡蓝、透明，形状像个箱子，有四个明显的侧面，它的外表非常好看，能够主动攻击人类，因此被人们视为热带海滩上的毒物。箱形水母被认为是动物界里非常危险的一种生物，它们的触须包含剧毒，可致人类丧命，而且这种毒液可引起令人无法忍受的剧烈疼痛。箱形水母的触须能够向受害者的皮肤里释放较多的毒针，每个毒针都含有一种致痛因子，因此它也被称为"世上最令人痛苦的毒刺"。马里兰大学医学院的约瑟夫·波内特博士曾说："毫无疑问，它们的确非常厉害。连子弹蚁也无法跟它相比。"圣地亚哥动物园爬行动物和两栖动物馆长丹·鲍威尔表示，虽然箱形水母的毒刺看起来就是一个防御工具，但是"海滩上的人经常会受到这些毒刺的折磨，箱形水母还会利用这些毒刺捕杀小虾等猎物"。因为小虾在奋力挣扎时很容易对箱形水母脆弱的身躯产生破坏，因此它必须快速杀死小虾。如果人一旦被箱形水母刺中，就会立即死亡。

　　虽然箱形水母无意去杀人，但它的确是个捕猎者。一只成熟的箱形水母有一个普通人的头那么大，有的触须长达4.6米，触须上布满了毒刺细胞。箱形水母主要以鱼类为食，它非常活跃（不像其他种类的水母），在海水里喷气推进式地追寻着猎物。它周身都是透明的，使得鱼类以及人类都无法发现它那致命的触须。

　　箱形水母大约有4束触须，每束10根，大部分都超过2米长，每根触须大约有300万个毒刺细胞。这种毒素会影响心肌和神经，还会破坏其他组织。箱形水母攻击的目的只是为了快速杀死鱼类，所以攻击后它并不逃走。但是如果一只箱形水母遭遇到了人类，它也许会出于自卫而攻击人类。一旦被它刺中，会引起极度的疼痛，由于没有解药，受害者在仅仅几分钟后就会死于心力衰竭。此外，箱形水母的毒刺细胞在攻击时并不受大脑控制，而是受身体和化学物质的刺激。奇怪的是，毒刺不能刺透女性的紧身衣，于是在"防刺服"被使用之前，救生员在海滩巡航时穿的就是紧身衣。

龙虱

中文名：龙虱
英文名：diving beetle
别称：味龙、水龟子
分布区域：世界各地

在昆虫王国里有一位潜水高手，它虽然并不像鱼一样用腮进行呼吸，但却能用独特的憋气技巧，长时间潜入很深的水底，它就是龙虱。

龙虱，全世界已知约有4000种，我国约200种。它们的体积大小不一，身体扁平光滑，呈长卵流线型；体背腹面拱起，头部缩入前胸内；下颚须短，具有咀嚼式口气；有一双圆球形的复眼，两对非常光滑的翅膀；后足长有毛，用来游泳。龙虱的体内还含有毒液，但是毒性不大。

我们知道人类在水下作业或深海考察时需要携带氧气等设备，才能维持较长时间的水下工作。那么龙虱靠什么做到长时间在水中生活的呢？原来在龙虱鞘翅下面有一个贮气囊，这个贮气囊有着"物理鳃"的功能，并在它上下游动时起定位作用。龙虱停在水面时，前翅轻轻抖动，把体内带有二氧化碳的废气排出，然后利用气囊的收缩压力，吸收新鲜空气。龙虱依靠贮存的新鲜空气，潜入水中生活。当气囊中氧气用完时，再游出水面，重新排出废气，吸进新鲜空气。

有了贮气囊这个好帮手，龙虱就可以在很厚的冰下长期"冬眠"，而不会因为缺氧窒息而死。冬天结束后，冰层开始融化，它们便结束冰下越冬潜伏

生活，又在水中畅游了。当它们在水中自由自在地游动时，尾巴上经常会挂着一个大气泡，以便在换气时排出过多的空气，像鱼吐泡一样，非常可爱。

龙虱如此长久地生活在水中，靠什么生活呢？说到这里，就不得不提它的另一个名字——"水中杀手"了。别看它们在水中游动的模样很可爱，实际上它们却是非常凶残的肉食者。龙虱的一生其实是一段充满了血腥味的历程。

当龙虱游水的时候，流线型躯体使它像一艘快艇一样迅速；两对中后足上长着排列整齐的又长又扁的毛，活像一只四桨的小游船。它们动作灵活，非常善于捕捉鱼类。当它用大颚扎住鱼类后，就算鱼类再怎么摆动，也不能把它从身体上甩下来。接着它就会从食道里吐出一种特殊的液体，注入鱼体内，使其中毒麻痹。然后，再吐出一种具有强烈消化能力的液体，把鱼类液化成肉汁后吸入食道。有时几个龙虱同时追逐一条鱼，最后将鱼制服而死，它们便获得了一顿美餐。

龙虱是渔业的害虫，它们释放的特殊物质除毒害鱼类和其他水生脊椎动物外，还危害稻苗。

水螅

中文名：水螅

英文名：hydra

分布区域：世界各大洋

　　水螅，在海中最为常见，少数种类的水螅产于淡水。水螅属于多细胞无脊椎动物，含有无芽体、精巢。最常见的有褐水螅、绿水螅。水螅很小，只有几毫米，放在显微镜下人们才可以看见。水螅属腔肠动物门水螅纲螅形目动物，管状，由外胚层、中胶层和内胚层组成，顶端有口，周围有一圈触手。水螅体的基端和与群体等长的一根有生命的总管（共肉）相连，个体间能够通过共肉交换食物。共肉外面有一几丁质鞘（围鞘），非常粗糙，但是能够保护水螅。群体随着水螅体数目的增多而生长，但也进行有性生殖。水螅群体周期性也产生生殖体（子茎），生殖体能够释放出浮浪幼体或水母体。有的种类的水螅体能够缩入水螅鞘内，水螅鞘是围鞘的扩展部分，但有的没有水螅鞘。多数种类的水螅生活在海中，但有的水螅也在淡水中生活。

　　水螅是一种低等无脊椎动物，属于腔肠动物门、水螅虫纲。水螅体成辐射对称。体壁由内外两层细胞构成，中间是中胶层。因为水螅没有骨骼，因此，必须靠体壁的中胶层来支持身体。在外层细胞中有好几种特化细胞，其中以刺囊细胞为腔肠动物所特有。神经细胞专司感觉。刺囊细胞分布在体壁的外层及触手上，而且绝大多数分布在触手上，在其游离端有一个刺针，细胞内有一个刺囊，囊内藏着一条细管，当刺针受到刺激时，细胞就把刺囊释

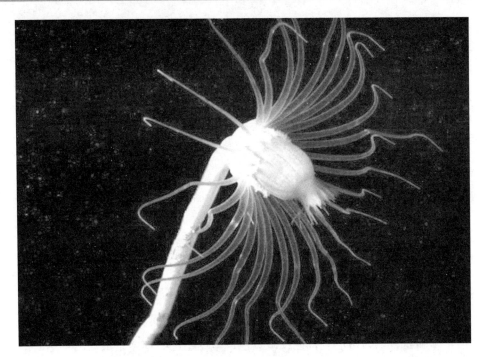

放出来，囊内的长管翻出捕食、御敌或附着在其他物体上。内层细胞具有腺细胞和鞭毛细胞，腺细胞可在消化腔中分泌酵素，可以在细胞外消化。鞭毛细胞可伸出伪足将食物摄入形成食泡来进行消化。

　　水螅的个体中央是一个消化循环腔，也称腔肠，有口而无肛门。向外有一个开口，即为口，口的周围生有触手，可以进行运动或捕食。水螅虽然有许多特化细胞，但还没有组织、器官的特化。

　　水螅的组织是比较简单的，水螅的身体由内外两层细胞构成，内层比外层厚，并且长有液泡，两层之间被中胶质分隔，都含有未分化的间叶细胞，外层中的间叶细胞常集聚成块，遇到任何细胞损坏，都无法补救，除非大多数的间叶细胞变为刺细胞，内层包括两类细胞：一种为腺细胞能够分泌蛋白质分解酶；另一种为消化细胞能够吸取食物的颗粒。

　　水螅属于海中的腔肠动物，腔肠动物的毒素是刺细胞的分泌物。刺细胞主要由毒素囊、毒囊管等组成。当动物受到外界刺激时，发射出刺细胞，由其毒囊管排出毒液，使受害者中毒。中毒的症状依据有毒动物的种类、被刺部位和受害者的敏感性而各不相同。

海蜇

中文名：海蜇
英文名：seajelly
分布区域：热带、亚热带及温带沿海地区海域

　　海蜇是海生的腔肠动物，属于腔肠动物门，海蜇属。海蜇通体半透明，外形呈伞盖状，体为白色、青色或微黄色，伞径超过45厘米，最大的可达1米，伞下8个加厚的腕基部愈合使口消失，下方口腕处有许多棒状和丝状触须，上有密集刺丝囊，能分泌毒液。海蜇捕捉小动物时，能够释放毒液麻痹猎物。

　　海蜇的一生要经历以下几个阶段：受精卵—囊胚—原肠胚—浮浪幼虫—螅状幼体—横裂体—蝶状体—成蜇。除精卵在体内受精的有性生殖过程外，海蜇的螅状幼体还会生出匍匐根不断形成足囊、甚至横裂体也会不断横裂成多个碟状体，以无性生殖的办法大量增加其个体的数量。

　　在近岸海域，海蜇这种轻柔飘逸的动物，常常能够引起人们极大的好奇心和兴趣。但是，千万不要下海纵情拥抱海蜇，否则，会导致不良后果。新鲜海蜇的刺丝囊内含有毒液，其毒素由多种多肽物质组成，捕捞海蜇或在海上游泳的人接触海蜇的触手会被触伤，引致红肿热痛、表皮坏死，并有全身发冷、烦躁、胸闷、伤处疼痛难忍等症状，严重的还会出现呼吸困难、休克而危及生命。盛夏时节，海蜇活动更为频繁，此时，如果渔民进行捕捞作业或游人在海滨游泳，就很容易被其蜇伤。我国沿海各海域的海蜇种类很多，其所分泌的毒素性质和危害不同。但由于每个人的体质不同，敏感性也有差异，因此，被海蜇蜇伤的轻型患者仅有一般过敏反应，重者可能导致死亡，

因此，必须进行及时的预防和抢救。

　　人体皮肤薄嫩处最容易被海蜇蜇伤，一般在数分钟内能够出现触电般的刺痛感，数小时后伤区就逐渐出现线电般的刺痛感，伤区会逐渐出现线状排列的有红斑的血疹，又痒又痛，轻者能够在20天左右自愈。敏感性强的患者局部可出现红斑水肿、风团、水泡、瘀斑，甚至表皮坏死。患者全身表现为烦躁不安、发冷、腹痛、腹泻、精神不振及胸闷气短。严重的能够发生咳喘，吐白色或粉红色泡沫痰，并伴随有过敏性休克症状，如脉数无力、皮肤青紫及血压下降等。如果不及时抢救，这类蜇伤患者可在短时间内死亡。

　　预防海蜇蜇伤的最有效的办法就是避免与海蜇接触，尤其是作业渔民要做好个人防护，千万不能麻痹大意。捕捞时尽量不要直接接触海蜇须，最好使用工具，有特异敏感体质的人应禁上下海作业。海蜇汛期到来时，海滨旅游地应设浮标栏网，并在海边建立醒目宣传警戒标志，并配合防伤害的科普教育宣传广播，以提高游人自我防护的知识和能力。下海游泳或在海中乘船者若发现海蜇千万不可碰触，更不能捕捞，因为在海上一旦发生意外，是很难找到相应的急救措施。如果被海蜇蜇伤，伤者切不可惊慌，只要及时到医院诊治，一般都能较快好转和痊愈。反之，如果被蜇伤者举措失当或麻痹大意，则易出现溺水、跌伤或因救治不及时而发生危险和加重病情。

珊瑚

中文名：珊瑚
英文名：Coral
别称：珊瑚虫
分布区域：温度高于20℃的赤道及其附近的热带、亚热带

　　珊瑚又叫做珊瑚虫，属刺胞动物门，珊瑚由很多珊瑚虫组成。每一珊瑚虫都有一个中空而底部密封的柱形身体，它的肠腔与四周的珊瑚虫连接，而位于身体中央的口部，四周长满触手。我们通常把珊瑚分为石珊瑚、角珊瑚及水螅珊瑚，它们有不同的形态特征。除了生物学分类外，我们亦可按生态功能，把珊瑚分为两大组。那些有共生藻（即虫黄藻）的珊瑚称为可造礁珊瑚，而那些没有共生藻的则称为不可造礁珊瑚。

　　石珊瑚中有一类名为深水石珊瑚，顾名思义，它们栖息在深海。深水石珊瑚一般以单体为主，少数群体，且个体小，色泽单调。用拖网、采泥器在海洋不同深度的海底都可以采到。

　　石珊瑚大多分布在浅水区，一般在水表层到水深40米处，个别种类分布能够深达60米。绝大多数石珊瑚是群体，在热带海区生长繁盛。石珊瑚在水中生活时色彩鲜艳，五光十色，分外耀眼，因此，浅水石珊瑚区被人们誉为海底花园。

　　浅水石珊瑚能够在盐度为27~42‰的海水中生活，对水质要求很高，海水既要清洁，又需坚硬底质。在河口，由于大陆径流携带大量陆源性沉积物质

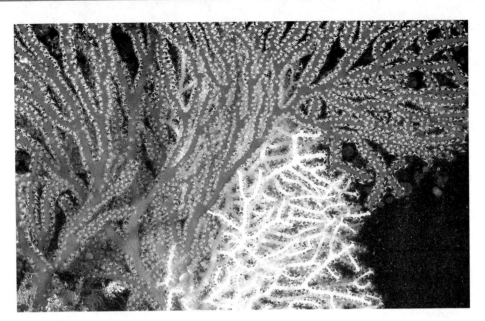

奔泻入海，因而不宜浅水石珊瑚生长。所以，要在河口寻找浅水石珊瑚是徒劳的。

　　石珊瑚约有1000种；黑珊瑚和刺珊瑚约100种；柳珊瑚（或角珊瑚）约1200种；而蓝珊瑚仅存1种。

　　在腔肠动物中，珊瑚只是个统称，日常生活中凡造型奇特、玲珑剔透而来自海产的，人们就把它称为"珊瑚"，凡"红色者"，统称之为"红珊瑚"。珊瑚通常包括软珊瑚、柳珊瑚、红珊瑚、石珊瑚、角珊瑚、水螅珊瑚、苍珊瑚和笙珊瑚等。此外,还有人误把体软的海鳃类和群体海葵也误称为"珊瑚"。

　　群体生活的有软珊瑚、柳珊瑚及蓝珊瑚。软珊瑚分布广泛，其骨骼由互相分离的含钙骨针组成。一些种类呈盘状，另一些有指状的突出物。角珊瑚在热带浅海中数量丰富，外形呈带状或分枝状，长度可达3米。角珊瑚包括贵珊瑚（亦称红珊瑚、玫瑰珊瑚），可作为饰物，其中较常见的种类有地中海的赤珊瑚。蓝珊瑚（也叫做深绿苍珊瑚）见于印度洋和太平洋中石珊瑚形成的珊瑚礁上，形成直径可达2米的块状。

　　石珊瑚是人们熟悉的、分布最广的种类，单体或群体生活。与黑珊瑚和刺珊瑚相同，石珊瑚的隔膜数为6或6的倍数，触手很简单，不呈羽状。石珊

瑚、黑珊瑚和刺珊瑚与海葵的不同之处就在于有外骨骼。大多数活体石珊瑚为浅黄色、淡褐色或橄榄色，颜色依生活在珊瑚上的藻类而定。最大的营单体生活的石珊瑚是一种石芝属动物，直径为25厘米。

石珊瑚的骨骼呈杯状，其成分几乎纯为碳酸钙。其生长率取决于年龄、食物供应、水温以及种类的不同。环状珊瑚岛和珊瑚礁由石珊瑚的骨骼形成，其形成速率平均每年约0.5~2.8厘米。常见的石珊瑚种类包括瑙珊瑚、蘑菇珊瑚、星珊瑚和鹿角珊瑚等，均以其形态命名。

黑珊瑚和刺珊瑚分布在地中海、西印度群岛以及巴拿马沿岸海域，呈鞭状、羽状、树状或形如瓶刷。宝石级珊瑚呈红色、粉红色、橙红色。珊瑚在生长过程中吸收海水中1%左右的氧化铁，就会形成红色，黑色则是由于含有有机质。黑色珊瑚密度较低，为1.34克/立方厘米。性脆，遇盐酸强烈起泡，无荧光。

珊瑚是一种海底腔肠动物，具有一定的毒性。珊瑚体表有黄色球形的细胞，这些细胞就是造礁珊的小瑚细胞内的共生藻，而透明的长条则是珊瑚的刺细胞，可以射出毒针。

海兔

中文名：海兔

英文名：sea hare

别称：海蛞蝓

分布区域：世界暖海区域，中国暖海区

海兔并不是人们平时所说的兔子。海兔长有2对触角，后触角很长，当它不动时，就像一只蹲在地上竖着一对大耳朵的小白兔，因而最早被罗马人称为海兔。后被世人所公认，海兔因而得名。它属于软体动物，腹足类。海兔头上的两对触角分工明确，前面1对专管触觉，稍短。后面1对专管嗅觉，稍长一些。海兔在海底爬行时，后面那对触角就会分开成"∧"字形、向前斜伸着，嗅四周的气味，休息时这对触角立刻并拢，笔直向上。

海兔的足很发达，它利用发达的足部在海滩上或在水面下悬浮爬行，有时海兔还能够利用侧足的运动做短时间的游泳。相对来说，海兔的贝壳并不怎么发达，它的贝壳就像一个薄而透明、仅具一层角质层而且无螺旋的贝壳。这个贝壳完全覆盖在外套膜之下，从外表根本看不到。

海兔喜欢吃各种海藻，其体色和花纹与栖息环境中的海藻非常相似，这样就能够很好地隐藏自己，不至于被敌人发现。特别是海兔对周围环境的颜色有很好的适应能力。当它食用某种海藻之后不久，就能很快地改变为这种海藻的颜色。例如：有一种海兔，小的时候以红藻为食，它自身的体色就是玫瑰红色。长大之后，主要以海带为食，体色就变成褐色，以墨角藻为食的

体色就会变成棕绿色。

据报道，南太平洋一个岛国上，一位孕妇在海滩上捡了一个海兔，她好奇地捧在手里观赏，突然感到一阵恶心，接着肚子发痛，回家后不久就流产了。后来才知道这祸首就是海兔。

海兔既能够消极避敌，又能进行积极的防御。海兔体内存在两种腺体，一种是紫色腺，生在外套膜边缘的下面，遭遇敌人时，海兔能放出很多紫红色的液体，把周围的海水染成紫色，借以扰乱敌人的视线。还有一种毒腺在外套膜前部，分泌的乳状液体略带酸性，气味难闻，是御敌的化学武器。对方如果接触到这种液体就会中毒而受伤，甚至死去，所以敌害闻到这种气味，就会远远避开。

海兔本身其实并不产生毒素，但吃进红藻后把其中含有的有毒的氯化物贮存在消化腺中，或送到皮肤分泌的乳状黏液中，散发着令人恶心的气味，人接触到就会产生中毒效应。还有一些毒液贮存在其外套膜中，可进一步对它的敌手产生毒害。

　　经过研究，科学家发现这种毒液还能杀死癌细胞。患肺癌的老鼠被注射海兔毒液后，其寿命比不注射者延长5.6倍，患白血病的老鼠注射过海兔毒液后，其寿命也能延长5.5倍。将来有望由此制成抗癌药。

海绵

中文名：海绵
英文名：Spongiatia or Sponge
分布区域：世界各大洋

　　海绵具有附着性，它不仅能依附在无生命的岩石等基质上，还能附在一些动物体上，尤其是贝类、蟹类的壳上。这是一种互利的关系，贝和蟹能带着海绵到处活动，扩大海绵的捕食范围，而海绵也能保护它的附主。因为海绵的身体粗糙且有骨刺，既不好吃，也不好消化，没有什么动物愿意以海绵为食。海绵本身还有一种怪味，动物遇到它都避而远之。如果有动物来攻击，海绵的出水孔会收缩变小以保护自己，还会释放有毒物质赶走攻击者。所有受海绵保护的动物都很安全，即使喜吃螃蟹的动物，一见到它身上的海绵也会失去胃口，为此许多动物也愿意到海绵那里寻求保护。

　　在南海、菲律宾、日本等海域有一种硅质海绵，状如花篮，篮里常居住有一种小虾，它们从幼时就喜欢一雌一雄成对地进入这种海绵中幽会，那里安全而且舒适，小虾就把那里当成安乐窝。随着它们身体的长大，无法从海绵体内钻出，就被永久地封闭在里面，它们也会心甘情愿地接受这种天作之合，永结百年之好。海绵体腔里的这种虾就被美名为"俪虾"，常被人看做爱情忠贞的象征。这种海绵被称为"偕老同穴"，也被当做吉祥之物。

　　另外有些虾如龙虾、对虾只是利用海绵作避难所，遇有危险立即逃到海绵体内，有些小鱼如鰕虎鱼、鲥等也喜欢以海绵体作基地，守株待兔，伺机

出击捕食猎物。海蛇尾白天缩于管式海绵内，晚上出来活动。还有些蠕虫也喜钻到海绵体内，有人发现一个龟头海绵体内竟有1.6万只鼓虾。这种海绵体大孔多，体内经常隐居着无数的小虾、小蟹、蠕虫、海星等，连乌贼都喜欢把卵产在一种石质海绵的孔里。

　　有的海绵能够紧贴在造礁珊瑚的下侧，以防止钻孔动物侵入珊瑚，对珊瑚具有保护作用。另有些钻孔海绵能破坏珊瑚，分泌出的黏液可以杀死珊瑚虫。有的海绵长在峨螺壳或牡蛎壳上，将口封住，使其致死。加勒比海有一种褐红色块状海绵，人的身体碰到它会发生皮疹，继而引起痛痒。在地中海水下洞穴中发现有一种肉食性海绵，以贝类为食。

僧帽水母

中文名：僧帽水母

英文名：Portuguese Man o' War

分布区域：热带海洋

　　6.5亿年前，僧帽水母就已经出现在地球上了，人们并不把它们看做单独的动物，而只是一种长着5类有机器官的集群类生物。这5类有机器官分别是气囊、感觉器官、蜇刺、消化器官和生殖器官。它们的触手有两种类型：一类是短小的，聚集在气囊下面；另一类是一根或者几根（依种类不同而不同）特别长的，能追踪较深处的鱼。有时候僧帽水母的触手会朝外伸在水面上，有时候又会朝着相反的方向伸展。当触手伸出时，样子就像僧帽，至少这些僧帽水母暂时是地球上最长的动物，其体长比蓝鲸还要长（除了有"弹性"的纽虫以外）。

　　但是很多时候，僧帽水母长长的触手向下垂着。一旦受到触碰或者诸如动物蛋白质等化学物质的刺激，它们的微小的刺细胞就能够释放出有刺的丝状物，然后刺破猎物的皮肤注入神经毒素。如果有一条小鱼撞入一根触手，立即就会被困住，出现麻痹的症状，这时僧帽水母就会伸出顶部的肌肉拖起猎物，接着把猎物一口吞掉，由酶对营养物质进行消化，然后供给身体其他部位。

　　僧帽水母常常游荡着四处猎食，它们会随着风和水流到处漂荡，人们经常可以在近海岸或者沙滩上看见它们的踪影。当然，如果它们漂到了海滩上就会死去，但是它们的刺细胞却还会产生作用，每年给数千人造成难以忍受的刺痛。

僧帽水母在海洋里是最致命的杀手。2000年，被僧帽水母蜇伤的游泳者中，有68%的人丧生，32%的侥幸生还者中有一部分因此而致残，只有极少数的幸运儿能够逃离僧帽水母的魔爪，但是他们的伤处将会永远烙上恐怖的印记。

退休商人克雷曼就曾有过这样的经历。1964年，他在游泳时不幸被僧帽水母蜇伤，虽然他费尽周折逃回了沙滩，但是已不省人事，尽管医生们进行了全力抢救，仍未能起死回生。曾有一位科学家被僧帽水母蜇伤了，他感到浑身灼痛，被送进医院后马上就休克了。幸亏抢救及时，才保住了性命。僧帽水母的毒性非常暴烈，任何被蜇伤者的身上都会出现令人恐怖的类似于鞭答的伤痕，经久不退。

僧帽水母的杀人武器是它的触手。从外表上看，僧帽水母的触手似乎长不盈尺，但实际上那些肉眼看不到的细小触手能够达到9米之长，所以很多游泳者在看到僧帽水母的时候再躲避已经迟了！僧帽水母触手中的微小刺细胞

能够分泌致命毒素，虽然单个刺细胞分泌的毒素有些微不足道，但是成千上万刺细胞积累的毒素之烈不亚于当今世界上任何的毒蛇。

人们一旦被僧帽水母蜇伤，就要进行及时抢救，因为僧帽水母分泌的毒素属于神经毒素，它的作用会随着时间的推移，逐渐加重，伤者除了遭受剧痛之外还会出现血压骤降，呼吸困难，神志逐渐丧失，全身休克，最后会因肺循环衰竭导致死亡。一般来说，人们受伤后应立即远离僧帽水母所在的海域，尽早登船或上岸，进行急救。